궁금해요
스마트러닝?

궁금해요 스마트러닝?

초판 1쇄 인쇄 2013년 04월 10일
초판 1쇄 발행 2013년 04월 15일

지은이   이주형
펴낸이   손형국
펴낸곳   (주)북랩
출판등록 2004. 12. 1(제2012-000051호)
주소   서울시 금천구 가산디지털 1로 168,
          우림라이온스밸리 B동 B113, 114호
홈페이지 www.book.co.kr
전화번호 (02)2026-5777
팩스   (02)2026-5747

ISBN 978-89-98666-33-0 13560

SMART @ LEARNING

스마트러닝의 모든 것

궁금해요 스마트러닝?

이주형 지음

book Lab

곽덕훈 ((주)시공미디어 부회장, 전 교육학술정보원 원장, 전 EBS 사장)

　요즈음 스마트라는 용어가 여러 분야에서 미래지향적이고 발전적인 의미로 많이 사용되고 있습니다. 교육에 있어서도 사람과 콘텐츠 중심의 스마트 교육, 스마트러닝 등은 미래 행복교육의 중요한 축이 될 것으로 여겨집니다. 지난 수년간 이러닝학회 회장과　스마트러닝 포럼 의장　등 스마트러닝과 직간접으로 관계하면서　스마트러닝에 관해 좀더 폭넓게 이해할 수 있는 책이 있었으면 하는 바람이었는데 금번에 스마트러닝에 대해 전반적인 내용을 다룬 책이 출간된 것은 매우 바람직하고 시의적절하다고 봅니다. 이 책을 통해 교육에 있어 지나갔던 여러 내용들을 회상하게 하고 앞으로 어떠한 모습의 스마트러닝이 나오게 될지 예상이 됩니다. 특히 국내외 사례들을 통해 격변하는 시대의 흐름을 잡기에 충분한 책이라고 생각합니다.　스마트러닝을 잘 모르거나 조금 알고 있는 분들에게 꼭 권해드리고 싶은 책입니다. 꼭 읽어보시고 스마트한 인생을 사시길 바라겠습니다

손진곤 (방송통신대학교 전산과 교수)

　이주형 대표는 방송통신대학교 이러닝학과 대학원 1기로서 이러닝과 스마트러닝에 풍부한 지식과 경험을 가지고 있습니다. 그러한 배경을 가진 스마트러닝에 관한 책을 냈다고 했을 때 어떠한 책이었을까 궁금했습니다. 기대 이상의 내용이 실려 있는 것을 보고 마음이 흡족했으며 다른 대학원생들이나

이러닝 종사자들에게 추천해주고 싶은 생각이 들었습니다. 제가 가졌던 마음처럼 여러분도 그러한 마음을 갖게 되시리라 믿습니다.

한태인 (방송통신대학교 이러닝학과 교수)

산업사회에서 디지털혁명으로의 전환과 더불어 최근에는 디지털사회로부터 스마트사회로의 변화가 전해지고 있습니다. 그러하니 이러닝에서도 스마트러닝이라는 화두가 뜨거운 논의의 대상일 것입니다. 이미 여러 사람들이 스마트러닝에 대한 정의를 밝힌 바 있으며, 저 역시 스마트러닝의 정의를 SMART(intelligent Social, intelligent Mobile, intelligent Activity, intelligent Resource, intelligent Technology) Learning으로 정의한 바 있습니다. 그러나 이러한 논의는 일반적인 독자들이 쉽게 다가가기 어려운 전문인들의 개념이었습니다.

본 저서는 지금까지의 개념적이고 전문적인 스마트러닝을 보다 현실세계의 사례를 통한 구체적인 지식을 전달함으로써 스마트러닝에 대한 이해의 폭을 넓힘과 동시에 독자들에게 보편적인 방법으로 개념을 전달하려는 시도를 보이고 있습니다.

저자인 이주형은 오랫동안 이러닝 분야에서 다양한 전문가들과 공동 프로젝트나 연구 수행을 통해 많은 경험을 가지고 있는 사람이므로 이 책은 그러한 기회를 통해 얻어진 소중한 경험들을 엮어 낸 것이라 판단됩니다. 적지 않은 노력의 결과라 할 수 있을 것이지요.

특히 본 저서에서는 스마트러닝에 대한 접근방법과 구성요소 등을 제시하고 있으며, 기술과 교육의 융합에 대한 이해 및 동향, 국내외의 다양한 사례들을 제공함으로써 독자들에게 폭넓은 정보를 제공하고 있습니다.

더욱이 본 저서는 스마트러닝에 관련된 개념과 영역, 바로 이웃한 정보통신의 주 융합영역인 CPND(콘텐츠, 플랫폼, 네트워크, 디바이스)와의 관련성 등에 대한 전문적인 지식을 제공하고 있기 때문에 이 분야에서 지속적으로 이해를 넓히고자 하는 독자들에게는 단편적인 정보제공의 차원이 아닌 전문적인 참고서로서의 역할을 충분히 할 것이라 판단됩니다. 독자들이 이 책을 바로 곁에 소지하면서 두고두고 활용하시기를 바랍니다.

이형세 (테크빌닷컴 대표이사, 한국이러닝산업협회 회장)

세상은 스마트 환경으로 빠르게 변화하고 있습니다. 나의 의지와 관계없이 변화의 거친 파도는 우리의 삶을 변화시키고 있습니다. 우리가 배우고 익히는 방법도 스마트 환경에 맞춰 변화해야 하는 이 시기에 스마트러닝에 관한 책이 출간되어 기쁘게 생각합니다. 오랫동안 이러닝 업계에서 전문적으로 일해온 이주형 대표이사가 출간한 책이기에 더욱 기대하는 바가 큽니다. 이주형 대표이사 개인적인 측면에서도 이러닝 전문가에서 스마트러닝 전도자(Evangelist)로 변화하는 중요한 변곡점이 될 수 있을 것 같습니다. 이 책을 통해 스마트러닝에 대한 통찰력과 유익한 정보를 얻어, 스마트러닝의 미래를 준비할 수 있을 것입니다. 이 책이 변화의 씨앗이 되기를 희망합니다.

강현구 (정보통신산업진흥원 지식서비스 단장)

교육과 IT가 발달한 우리에게 둘을 접목한 이러닝이란 용어가 귀에 익숙해진 지도 오래된 것 같습니다. 멈추지 않는 IT의 발달은 몇 년 전부터 학계와 업계의 전문가들에게 이러닝 2.0 - 스마트러닝 - 이라는 새로운 화두를 던져주었습니다. 많은 전문가들이 이에 대해 논의하고 있는 가운데, 이 책은 이러한 논의에 시금석이 될 것으로 보입니다.

　교육을 통해 삶이 바르고 풍부해진다는 것은 동서고금의 진리입니다. 이 책을 읽고 새로운 교육 패러다임을 이해하는 독자들에 의해 우리의 삶이 좀 더 윤택해지기를 기대해 봅니다.

"궁금해요 스마트러닝?"은 e-Learning 2.0 시대를 맞이하여 스마트러닝에 대한 이해를 넓히고 국내외적으로 진행되고 있는 스마트러닝의 현황을 파악하여 다가올 미래의 스마트러닝 시장의 변화와 방향성을 예측하고 준비하게 하려는 데 목적이 있고 그 목적에 부합되는 사례들을 발췌하였습니다.

"궁금해요 스마트러닝?"을 통해 직접적인 도움을 받는 대상은 이러닝 분야 종사자들, 이러닝 전공자들, 일선 학교 교사들 그리고 이러닝에 대한 기본 지식이 있는 대학생들이 될 것입니다.

"궁금해요 스마트러닝?"은 내용의 특성상 스마트 시대에 반드시 알아야 할 많은 전문적인 정보와 사례들을 포함하고 있기 때문에 일반인들이 접근하기에는 전문성이 강하다는 것을 미리 밝혀드립니다.

하지만 책을 읽으면서 딱딱하거나 어려울 수 있는 내용들을 최대한 부드럽게 하기 위해 절마다 삽화를 넣었습니다. 삽화는 펼쳐지게 될 절의 내용으로 최대한 간단하면서도 의미있게 구성하였습니다. 책을 보는 중간 중간에 삽화를 다시 본다면 본문 내용과 어떠한 연관이 있는지 알 수 있습니다.

"궁금해요 스마트러닝?"에서는 다음과 같은 내용을 다루고 있습니다.

스마트러닝에 대해 알쏭달쏭해 하는 분들이 있습니다. 교육학자가 바라보는 스마트러닝의 정의가 다르고 IT에 종사하는 전문가들의 견해가 다릅니다.

본 책은 그러한 여러 가지 측면들을 다루면서 다각적 측면에서 스마트러닝의 이해를 도울 수 있게 하였습니다. 이 책을 읽는 독자들에게 넓은 범위의 스마트러닝에 대한 접근과 이해를 가져다 줄 것과 스마트 러닝에 관해 잘못 알고 있는 것이 바로 잡혀지리라 기대하고 있습니다.

스마트러닝에서는 플랫폼, 콘텐츠, 네트워크, 디바이스(CPND) 등 다양한 요소들이 활용되고 있습니다. 이러한 요소들의 최신 사례들을 살펴보면서 우리가 교실이나 회사, 그리고 업무 현장에서 스마트러닝의 활용에 대한 좋은 아이디어를 얻었으면 합니다. 대부분의 사례들은 최신 내용을 다루고 있기 때문에 올해 또는 내년을 위한 기획 단계에서도 충분히 고려되고 검토될 수 있으리라 생각합니다.

스마트러닝에 관한 국내 사례에서는 거시적인 관점의 사례들을 발췌하였습니다. 일선 대학교나 기업이 진행하고 있는 스마트폰 사용 학습사례들은 일반적이기 때문에 이 책에서는 되도록 포함시키지 않았고, 특정 회사들이 추구하고 있는 제품군이나 지역적 사례들을 통해 국내에서 활용되고 있는 스마트러닝의 흐름에 관한 이해를 돕도록 하였습니다. 국내 사례들을 읽고 난 이후에 스마트러닝과 관련된 제품들을 기획하거나 개발하고자 하는 회사나 개인들에게 도움이 될 것이라 생각합니다.

일상 생활이나 업무에서 활용되는 최신 해외 스마트러닝 자료들을 사례에 포함시켰습니다. 나이 어린 환자들의 고통 분산을 위한 콘텐츠라든지, Tin Can API가 어떻게 활용될지에 관한 사례들이라든지, 글로벌 이러닝 기업들이 추구하는 기술적인 방향; 소셜러닝의 활용 등이 그것입니다. 해외 사례들을 통해서 국제적인 흐름을 이해하고 앞으로 스마트러닝을 기획하거나 관련 제품들을 개발하고자 할 때 참고하거나 고려해야 할 사항들을 알 수 있습니다. 이러한 사례들을 통해 기획자나 개발자들이 시행착오를 줄일 수 있기를 기대합니다.

스마트러닝은 단일 기술이나 환경들이 복합적으로 이루어진 하나의 융합 기술입니다. 또한 스마트러닝은 현재 기존 다른 영역의 기술이나 환경과 융합되어 새로운 분야에 적용되고 있습니다. e-Training, 생활 스포츠, 로봇, 감성을 활용한 학습 등이 바로 그것입니다. 이 융합을 다루는 장에서는 융합 기술의 전개 방향성을 예측할 수 있을 것으로 기대합니다. 기존 기술들을 활용하여 새로운 산업분야나 학교에서 활용할 수 있을 것입니다.

이 책이 나오기까지 배려해준 가족에게 감사의 말을 전하고 싶습니다. 특히 기술적으로 나열되어 체계나 핵심 내용을 잡기 어려움에도 불구하고 일일이 교정해주고 검토해준 아내에게 감사를 드리며, 이 책의 각 장마다 재미있고 재치있는 삽화를 그려준 사랑하는 딸 지호, 책이 잘 나오도록 응원해준 아들 세한이에게도 감사함을 전합니다.

이 외에도 이 책이 나올 때까지 기도해주고 응원해준 많은 페이스북 친구들, 그리고 업계 관계자들에게도 감사의 말을 전합니다.

스마트러닝을 통한 행복한 배움의 장을 기대하며.

2013년 4월
이주형.

목차

트랜드 따라잡기

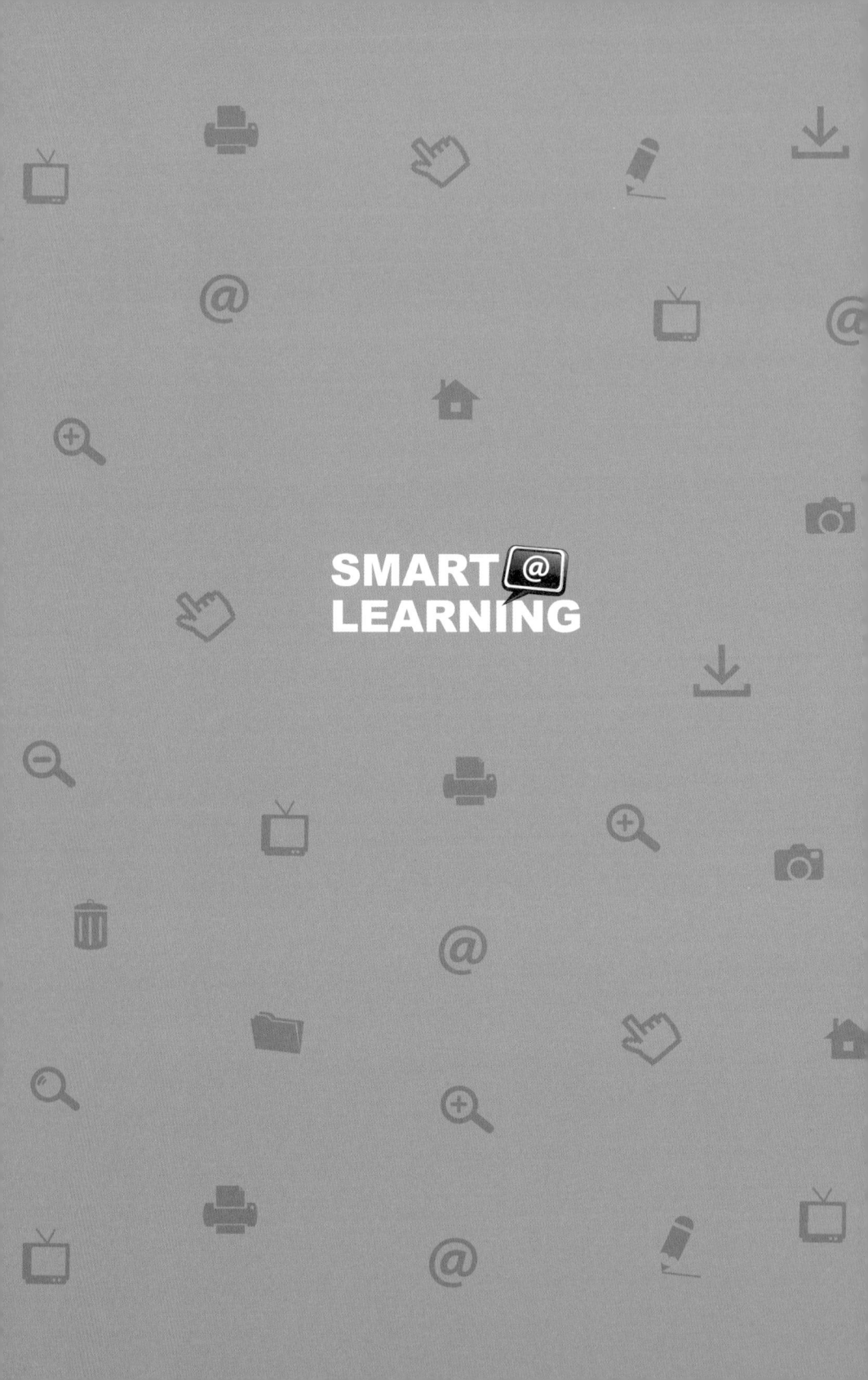

I

알쏭달쏭 스마트러닝

스마트러닝이라는 이름의 책으로 독자들을 만나게 되었습니다.
책 머리에 들어가며에서 이미 말한 바와 같이 여러분과 함께 스마트러닝에 관해 다각도
적으로 면밀히 알아보고자 합니다.

01.

현재 우리의
스마트러닝 지수

이 책을 읽고 있는 우리는 이미 스마트한 삶을 살고 있습니다.

그런데 현재 우리의 스마트러닝 지수는 얼마나 될까요?

어느 책이나 마찬가지로 책 주제에 대한 정의를 내리는 것이 중요하기 때문에 필자도 스마트러닝에 대해 정의하며 첫걸음을 하고자 합니다.

자, 아래 빈 상자에 스마트러닝에 필요한 구성요소와 정의를 나름대로 기록해봅시다.

우리가 생각하는 스마트러닝의 구성 요소

우리가 생각하는 스마트러닝의 정의

필자는 전문가들이 말하는 스마트러닝의 정의를 살펴보기에 앞서 TED에 소개된 UCC 하나를 이야기하며 이 책을 시작하려고 합니다. 마술사 Marco Tempest는 TED에서 "The magic of truth and lies (and iPods)"란 제목으로 아이팟(iPod) 3대를 마술쇼의 소품들처럼 사용하면서 진실과 거짓, 예술과 감정들에 대한 재치 있고 진심 어린 사색을 펼쳐냅니다. 아이팟을 이용하여 음악을 듣거나 앱을 다운받아 게임을 할 때 사용하는 것이 일반적인데 그는 아

이팟을 이용하여 놀라운 마술을 보여주었습니다. 스마트 디바이스를 누가, 어떻게 이용하느냐에 따라 각기 다른 결과를 낼 수 있다는 것을 볼 수 있습니다. 마술사 Marco Tempest의 UCC를 보면서 "궁금해요 스마트러닝?"을 시작해보겠습니다.

Marco Tempest의 강의 (출처: www.ted.com)

자, 그럼 스마트러닝 전문가들이 말하는 스마트러닝에 관한 정의를 살펴보면서 스마트러닝을 시작합니다. 몇 가지 사례들을 살펴보면서 여러분이 내린 정의와 비교해보시기를 바랍니다. 아래 몇 가지 정의들을 살펴 보면 알 수 있듯이 스마트러닝에 관한 정의를 내리기는 쉽지 않습니다. 스마트러닝을 바라보는 관점과 접근하는 방식도 약간씩 다릅니다.

A 학습자들의 다양한 학습 형태와 능력을 고려하고 학습자의 사고력, 소통능력, 문제해결능력 등의 개발을 높이며 협력학습과 개별학습을 위한 기회를 창출하여 학습을 보다 즐겁게 만드는 학습으로서, 장치보다 사람과 콘텐츠에 기반을 둔 발전된 ICT

기반의 효과적인 학습자 중심의 지능형 맞춤학습 (곽덕훈, 한국 이러닝산업협회 세미나, 2010)

B 새로운 지식과 기술을 활용한 독립적이고 지능적인 교육을 통해 학습자 행동의 변화를 이끌어 내는 활동 (Allyn Radford, 이러닝 국제 컨퍼런스, 2010)

C 스마트러닝은 단순히 모바일 기기 혹은 스마트 기기를 활용한 또 다른 형태의 이러닝을 의미하는 것은 아니다. 스마트러닝과 모바일러닝이 다른 점은 스마트러닝이 이러닝의 나아가야 할 방향을 제시하는 패러다임적 의미라는 것이다. (KINSHU, 이러닝 국제 컨퍼런스, 2010)

D 스마트러닝은 스마트폰, 미디어 태블릿, e북 단말기 등의 모바일 기기를 이용한 학습 콘텐츠와 솔루션을 통칭한다. 인터넷 접속은 물론 위치기반 서비스, 증강 현실 등 다양한 기술 적용이 가능한 스마트 기기의 장점을 활용해 기존 이러닝과 차별화된 서비스를 제공한다. (전자신문, 2010)

E 스마트러닝은 스마트 인프라(smart infra)와 스마트한 교육방식(smart way)으로 이루어지며, 스마트 인프라는 클라우딩, 네트워크, 서버, 스마트 디바이스, 임베디드 기기 등을 의미하며 스마트한 교육방식은 맞춤형, 지능형, 융합형, 소셜러닝, 집단지성 등을 의미한다. (노규성, 한국디지털정책학회, 2011)

F 학습자-학습자, 학습자-교수자, 학습자-콘텐츠간의 소통 (communication), 협력 (collaboration), 참여 (participation), 개방, 공유 기능이 가능하도록 하는 ICT 기술을 활용하여 수직적이고 일방적인 전통적인 교수, 학습 방식을 수평적, 쌍방향적, 참여적, 지능적, 그리고 상호작용적인 방식으로 전환하여 학습의 효과를 높이고자 하는 총체적

인 접근을 의미. (임희석, 고려대학교 컴퓨터교육과, 2011)

G 21세기 지식정보화 사회에서 요구되는 새로운 교육방법(pedagogy), 교육 과정(Curriculum), 평가(Assessment), 교사(Teachers) 등 교육체제 전반의 변화를 이끌기 위한 지능형 맞춤 교수-학습 지원체제로서, 최상의 통신 환경을 기반으로 인간을 중심으로 한 소셜러닝(social learning)과 맞춤형 학습(adaptive learning)을 접목한 학습 형태이다. (교육과학기술부, 2011)

한편 교육부에서는 스마트러닝을 아래와 같이 정의하고 있습니다.

표1 스마트러닝의 정의

구분	정의
Self-directed (자기주도적)	(지식생산자) 지식 수용자에게 지식의 주요 생산자로 학생의 역할 변화, 교사는 지식 전달자에게 조력자(멘토)로 변화 (지능화) 온라인 성취도 진단 및 처방을 통해 스스로 학습하는 체제
Motivated (흥미)	(체험 중심) 정형화된 교과 지식 중심에서 체험을 기반으로 지식을 재구성할 수 있는 교수, 학습 방법 강조 (문제해결 중심) 창의적 문제해결과 과정 중심의 개별화된 평가 지향
Adaptive (수준과 적성)	(유연화) 교육체제의 유연성이 강화되고 개인의 선호 및 미래의 직업과 연계된 맞춤형 학습 구현 (개별화) 학교가 지식을 대량으로 전달하는 장소에서 수준과 적성에 맞는 개별화된 학습을 지원하는 장소로 진화
Resource Free (풍부한 자료)	(오픈 마켓) 클라우드 교육서비스를 기반으로 공공기관, 민간 및 개인이 개발한 풍부한 콘텐츠를 교육에 자유롭게 활용 (소셜 네트워킹) 집단지성, 소셜러닝 등을 활용한 국내외 학습자원의 공동 활용과 협력학습 확대

Technology embedded (정보기술 활용)	(개방화) 정보기술을 통해 언제, 어디서나 원하는 학습을 할 수 있고, 수업 방식이 다양해져 학습 선택권이 최대한 보장되는 교육 환경 스마트 교육 환경

출처: 스마트 교육 추진전략(교육부)

위키피디아 한글판에서는 스마트러닝 전문가들이 제시한 개념과 특징들을 아래와 같이 정리하여 제시하고 있습니다.

표2 스마트러닝 개념 및 특징

개념 및 특징	연구자
인간중심 학습 패러다임, 유연성, 창의성, 개방성	김성태(2010)
학습자 중심, 지능형, 협력형, 개인형, 소통능력, 문제해결능력	곽덕훈(2010)
지능형, 맞춤형, 자기주도형, 교수-학습 지원체제	장상현(2010)
현실감, 몰입형, 비형식학습, 인지지원체제, 창조적 사고	이수희(2010)
동기부여, 자기주도형, 실시간형 학습관리, 개인화	김돈정(2010)

책 서두에서 우리가 생각하는 스마트러닝에 대한 정의를 내려 보았는데요, 지금까지 살펴 본 스마트러닝에 관한 정의 중에서 위의 여러 키워드들이 많이 포함되어 있다면 여러분은 이미 스마트러닝을 알고 있다고 볼 수 있을 겁니다.

자, 그럼 이제 스마트러닝의 껍질을 하나씩 벗겨보도록 하겠습니다.

03.
스마트한
생각

　아래 그림은 1973년도에 그려진 미래의 컴퓨터 워크 스테이션 구상도인데요, 복사기로 유명한 제록스(Xerox) 관계자가 컴퓨터 워크 스테이션을 구상하며 그린 그림으로 추정됩니다. 마치 윈도우 3.0 버전의 초기 버전을 보는 듯합니다. 이미 1973년도에 그려진 상상 속의 그림에는 현재 우리가 사용하고 있는 윈도우의 화면 구성과 매우 흡사한 내용이 담겨있습니다.

누가 이런 기발한 생각을 했을까요? 이러한 생각이 바로 스마트한 생각이 아닐까요? 현재에는 없지만 미래에는 있을 수 있는 것을 구상하고 만들어내는 것, 이것이 스마트한 생각입니다.

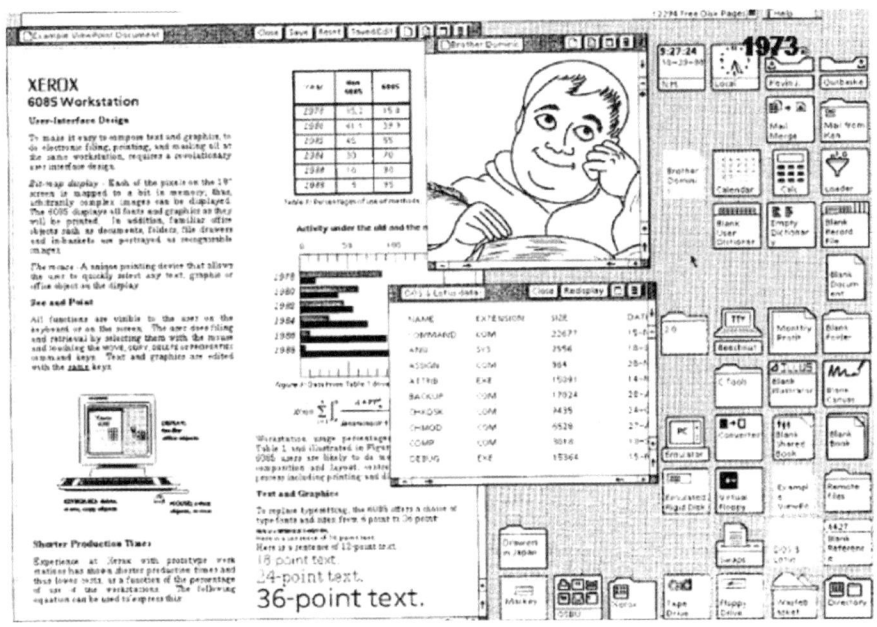

미래의 컴퓨터 워크 스테이션 구상도(1973) (그림 출처: http://jeromeabel.net/files/ressources/retour-a-la-matiere/04.interaction-homme-machine/thumb_1000x600/06-Xerox_1973.jpg)

우리의 스마트한 생각이 곧 스마트러닝으로 활용될 수 있습니다. 상상 속을 여행하는 우리의 생각을 과소평가하지 말아야 합니다. 스치는 생각과 생활 속의 아이디어가 혁명을 이룰 수 있습니다. 우리의 스마트한 생각을 지금부터 풀어가 봅시다.

04.
스마트러닝에
대한 오해

스마트러닝
콘텐츠는 어떻게
만들어야
재미있을까?

만들어 달라는대로
만들어드릴게요.
ㅎㅎㅎㅎㅎㅎ

현장에서 이러닝 관련 평가를 하다 보면서 접하게 되는 스마트러닝에 대한 오해가 있습니다.

스마트러닝 콘텐츠 개발자들에게서도 볼 수 있는 몇 가지 유형들이 있습니다. 그 중 잘못 생각하고 있고 오해하기 쉬운 스마트러닝에 관한 내용을 다음과 같이 3가지로 정리해 볼 수 있습니다.

1) 플래시를 변형하면 스마트러닝이다?

2) MPEG-4로 개발하면 스마트러닝이다?

3) 스마트폰에서 운영하면 스마트러닝이다?

플래시 변형에 관한 오해

한국은 전통적으로 노동부의 고용보험 환급 규정에 영향을 많이 받아 대부분의 콘텐츠들이 플래시 기반의 WBI(Web-based Instruction) 방식 콘텐츠가 주류를 이루고 있으며 현재 이 시간에도 이러한 콘텐츠들이 공장에서 찍어내듯이 개발되고 있습니다. 그러나 이러한 플래시 기반 콘텐츠들은 모바일 디바이스에서 제대로 구동되지 않는다는 것이 큰 단점으로 지적되어 왔습니다.

한 업체는 플래시로 콘텐츠를 만들고 이를 웹에서 동작할 수 있도록 변형하겠다고 제안했습니다. 발상 자체는 좋지만 이것이 스마트러닝의 샘플로 제작된다면 세상에서 스마트러닝의 개념이 너무 축소돼 보이지는 않을까 우려가 되었습니다. 플래시는 나름대로의 장점을 가지고 있습니다. 하지만 모바일 디바이스에서 구동되도록 컨버전(conversion) 시킨다고 해서 스마트러닝 콘텐츠가 되는 것은 아닙니다.

플래시를 변형해서 스마트폰에서 볼 수 있도록 하는 것은 지극히 작은 기술 구현의 하나라는 것을 인식해야만 합니다.

MPEG-4 개발에 관한 오해

어느 업체는 대부분 동영상 위주로 강의를 촬영하고 이를 MPEG-4로 엔코딩하여 활용하겠다고 제안했습니다. 이 자체에는 아무런 문제가 없습니다. 왜냐하면 현재 스마트 디바이스에서 무리 없이 구동될 수 있는 동영상 포맷은 MPEG-4가 맞기 때문입니다. 그래서 대부분 콘텐츠 개발사들이 동영상을 개발할 때는 MPEG-4로 엔코딩하고 있습니다. 그러나 정작 문제는 업체가 제안한 스마트러닝 콘텐츠는 이것이 전부라는 것입니다. 그 안에서 상호작용이라든지 다양한 센서 활용이라든지, 기타 다른 기능활용에 관한 제안이 없었습니다. 상호작용이 반드시 들어가야 하는 것은 아니지만 MPEG-4형 동영상으로만 제작된 콘텐츠가 스마트러닝의 콘텐츠 샘플이라고 말하기는 어려운 겁니다. 스마트러닝에 대한 폭넓은 접근이 필요했습니다.

스마트폰 운영에 관한 오해

스마트폰으로 강의를 들으면 스마트러닝이 되는 것일까요? 물론 아닙니다.

교육부에서 예제로 삼은 병원 학교 홍보 동영상을 보면 아픈 학생이 병실에서 실시간으로 스마트 디바이스를 이용해 수업을 듣고 학급 친구들과 커뮤니케이션 하는 것을 볼 수 있습니다. 그 홍보 동영상은 스마트러닝의 한 예가될 수는 있지만 스마트 디바이스를 사용했기 때문에 스마트러닝이라고 보는 것이 아닙니다.

스마트폰을 가지고 수업을 듣는 것이 대표적인 스마트러닝이라는 고정 관념은 바뀌어야 합니다. 이 책을 통해 다양한 기능과 센서를 이용하여 얼마나 다양하게 스마트러닝이 활용될 수 있는지 파악할 수 있게 될 것입니다.

콘텐츠는 시스템과 친한 사이인가?

스마트러닝에 필요한 콘텐츠를 개발하는 회사들은 대부분 HTML5와 MPEG-4 등을 고려하여 매체를 개발하게 됩니다. 이는 이러한 표준 포맷들이 다양한 디바이스에서 구동되기 때문입니다. HTML5나 MPEG-4는 시스템에서 특별하게 환경 설정을 하지 않아도 구동될 수 있습니다. 그러나 그 외의 센서나 환경들을 이용하고자 하거나 상호작용 및 상호운영성을 제공하고 Mash-up과 같은 기능들을 제공하기 위해서는 시스템 환경에서도 이를 지원하도록 구축되어야 합니다. 결국 스마트러닝을 지원하는 기업이나 기관들이 시스템에 따라 지원되는 기능들이 차이가 있음을 알 수 있습니다. 좋은 기능을 가진 콘텐츠가 원활하게 운영되기 위해서는 시스템도 같이 고려되어야 함을 잊지 말아야 합니다.

05.
지식인 서비스에서 얻는 스마트러닝 영감

    소셜러닝을 스마트러닝으로 활용하기 위해서는 우선 네이버의 지식인 서비스와 같은 내용이 얼마나 학습과 연관성을 갖고 있는가를 이해할 필요가 있습니다. 예전에는 궁금한 용어들을 이해하기 위해서는 서점에서 구입한 사전을 일일이 찾아서 알아냈는데 그렇게 사전을 통해 얻는 지식의 형태는 문제가 있었습니다. 변화주기가 너무 길다는 것이었지요. 모두가 아시겠지만 정보는 이미 바뀌어 세상에서 활용되고 있는데 사전은 아직도 예전 그대로였다는

것입니다. 그래서 대형 포털 서비스 업체들이 온라인 사전 서비스를 제공했고 지식인과 같은 서비스는 사전이 가지고 있었던 변화주기의 격차를 없애주는 데에 지대한 공헌을 했습니다. 사용자라면 누구나 궁금한 질문 내용을 올릴 수 있고, 해당 질문에 대한 답변도 누구나 올릴 수가 있는 것입니다. 현재는 간단하게 정보를 제공하는 차원이 아닌 전문가적인 측면의 내용들이 상당 부분 차지하고 있어 많은 이용자들에게 사랑을 받고 있습니다. 필자도 컴퓨터 사용상 문제가 생기거나 잘 모를 경우에는 지식인 서비스를 이용하면 대부분의 문제를 해결할 수 있었습니다.

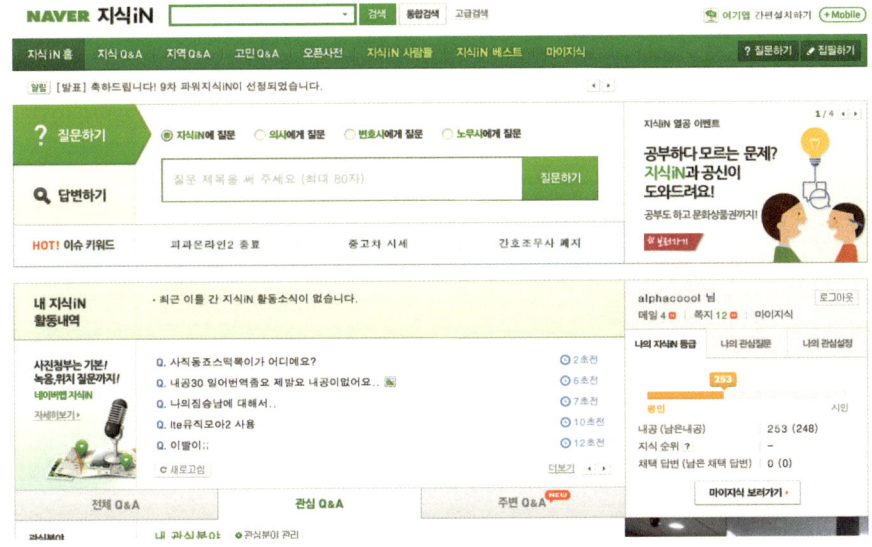

네이버 지식인 서비스

그런데 여기에서 고려해봐야 할 것은 지식인의 질문, 답변 내용과 학습이라는 연결고리를 어떻게 관계 지을 것인가에 관한 것입니다. 지금까지 이러닝에서 생각하는 학습이라는 것은 인지 및 구성주의의 학습이론 등과 같이 교수

전략에 의한 기획, 특별하게 개발된 콘텐츠, 그리고 평가를 통한 학습 성취도 측정이었습니다. 맞습니다. 지금까지는 그래왔습니다. 그러나 학습의 개념을 바꾸는 것이 필요합니다.

Wikipedia 영문판에서 Learning(학습)을 찾아보면 아래와 같이 나와 있습니다.

Learning is acquiring new, or modifying existing, knowledge, behaviors, skills, values, or preferences and may involve synthesizing different types of information.

(학습은 새롭거나, 기존 수정된 것이나, 지식, 행동, 스킬, 가치, 또는 선호하는 것을 얻는 것이며 다른 형태의 정보와 합치는 것을 포함할 수 있다.)

무엇인가를 얻어서 깨닫거나 알게 된다면 학습이 되는 것입니다. 위키피디아 영문판을 좀 더 살펴보면 학습의 형태는 놀기, 행동 습관, 형식/비형식, 대화 등 17가지에 거쳐 이루어질 수 있다고 밝히고 있습니다. 일상생활에서 얻게 되는 것 자체가 학습입니다. 여기에 스마트(smart)란 단어만 앞에 추가하면 스마트러닝(smart learning)이 되는 것입니다. 인터넷상에서 지식인 서비스를 이용해 지식이나 정보를 얻거나 핸드폰으로 유튜브를 보거나, 사전을 찾거나, 사진을 찍거나, 동영상을 촬영하여 동료들에게 공유하거나, 심지어 이동 중에 디바이스를 이용해 영화를 보는 것도 학습이 됩니다.

전 세계적으로 Web 2.0이 유행할 때 e-Learnning 2.0도 이러닝 시장에 화두가 되었었는데 이때 공유와 집단지성이라는 말이 이슈가 되었습니다. 학습(learning)이 스마트를 체득하는 정보가 되기 위해서는 정적인 정보들이 다이나믹한 정보로 바뀔 필요가 있습니다. 화려한 꽃으로 변신하기 위해서는 공유, 집단지성 등 다양한 기술적, 환경적 요소들을 활용할 필요가 있는 것이지요. 학습을 1단계적인 자료원이라고 한다면 스마트러닝은 화려한 활용성에 포커스를 둔 2단계적인 학습이라고 볼 수 있습니다.

06.
소셜서비스와 스마트러닝

　국내외를 막론하고 현재 소셜러닝의 기세는 멈출 줄을 모릅니다. 해외에서 페이스북의 시장 가치가 2012년 말 기준으로 예상보다 낮다는 평가에도 불구하고 여러 나라 인구에 맞먹는 회원 수를 기반으로 다양한 사업을 펼쳐가고 있는 것이 이를 증명하고 있습니다.

　소셜러닝의 가장 큰 장점은 관계(relationship)입니다. 단순하고 형식적인 관계(relation)가 아닌 나와 관련된 관계(relationship)[주]입니다. 나를 따르는 팔로어

주) 필자는 여기에서 내용의 이해를 돕기 위해 의도적으로 단순한 관계를 relation으로, 친밀한 관계를 relationship으로 구분하여 표현하였습니다.

들(followers)에게 새로운 소식들을 전하는 것, 페이스북 친구(페친)와의 일상 얘기를 나누는 것, 친구를 전문분야로 인정(endorse)하는 것들 모두가 소셜러닝에서 체험할 수 있는 내용들입니다.

소셜서비스와 학습을 연계하기 위해서는 소셜서비스를 이용하고 있는 사용자들의 특징들을 이해할 필요가 있습니다. 아래 항목에 얼마나 동의하는지 쉬어가면서 체크해볼까요?

- 친구 따라 강남 간다: 친구가 가입한 곳이면 그곳에서 같이 활동을 한다.
- 머무는 시간이 짧다: 한 페이지에 머무는 시간이 짧게는 몇 초, 길어야 1~2분 사이이다(동영상 제외).
- 비즈니스로 활용한다: 소셜서비스를 이용해 사업적인 측면으로 활용하고자 하는 분들이 많다.
- 짧은 문장이 대세다: 트위터를 기반으로 짧은 문장을 사용하는 것이 일반적이다.
- 다수의 아름다운 여성 친구와 팔로우어를 가지고 있다: 관계가 없고 모르는 사람이라도 아름다운 여성이라면 따라붙는 이들이 많다.
- 유명 가수, 배우들은 영향력을 넓히기에 적합하다: 요즘 연예인은 소셜서비스를 이용하지 않고는 영향력을 발휘하기 어려운 상황이 되었다.
- 일반인들이 유명해지기도 한다: 평범한 사람들도 페이스북이나 트위터를 통해서 유명인이 되고, 유튜브를 통해 스타 음악가가 된 사례들도 있다.
- 학습에 좋은 환경은 아니다: 소셜서비스를 이용하는 회원들은 사람과의 관계를 중요시 하지 학습을 원하는 것은 아니다.
- 정보 유출의 위험성이 있다: 개인 정보 유출이 심각할 수 있다.
- 트위터, 페이스북 중독자들 발생: 일상 생활에서 트위터, 카카오톡, 페이스북 등의 알림이 없으면 불안해하는 사용자들이 많다.

위 내용들을 정리하면, 소셜서비스는 학습과 깊은 관계가 없는 요소들이 많습니다. 지극히 자기 중심의 관계(relationship)를 유지하고 관계를 넓히는데 관심을 갖기 때문에 이러한 SNS에서 학습을 한다는 것은 무리한 시도일 수도 있습니다.

그러나 다음 장에서 설명하겠지만 스마트러닝을 구성하는 플랫폼에서 개발사들이 필수로 넣고 있는 기능 중에 하나가 SNS(Social Network Service)의 피드(feed)를 학습 콘텐츠로 활용하는 것입니다. 위와 같은 SNS의 특징 때문에 학습면에서는 적합하지 않다고 볼 수 있는데 왜 이러닝 플랫폼에서 굳이 그것을 쓰려고 노력하는 것일까요? 그것은 지식의 현장성, 최신성(contemporary), 그리고 공유의 기능을 활용하기 위한 사치(?)라고 볼 수도 있습니다. 앞에서도 언급한 것처럼 기존의 학습은 매우 정적인 정보를 담고 있었지만 이제는 동적인 정보가 스마트러닝 시대를 맞이하여 필요하게 된 것입니다.

필자는 페이스북을 이용해서 직접 그룹과 페이지를 만들어 학습을 함께했던 적이 있습니다. 페이스북 그룹 내에서 토론방을 개설하여 매일 영어 회화 토론 주제를 올리면 회원들이 그것에 대해 댓글을 달고 이에 대해 서로 살펴보고 학습하는 형태로 운영을 했었는데요, 지속적으로 반응이 좋았고, 매일 적극적으로 참여하는 매니어들도 생겼었습니다. 진행되면서 그룹 내 회원 중 전문 정보를 제공하겠다는 분도 있었습니다. 필자의 바쁜 일정 때문에 지속적으로 유지하지는 못했지만 좋은 시도였다고 생각합니다.

이렇게 페이스북의 기능들을 이용하여 학습 플랫폼으로 활용할 수도 있지만 여전히 기능이나 학습 효과를 위한 의도를 충분히 발휘하기에는 부족함이 많습니다. 이러한 이유들 때문에 학습 플랫폼으로 활용하기에는 어려움이 예상됩니다. 일선 교사들은 교실에서 학습한 내용을 가지고 페이스북이나 트위터를 이용하여 서로 댓글을 달아 토론하는 형식으로 학습 평가를 하기도 합니다. 이러한 시도의 긍정적인 면은 참여하는 학생들이 소셜서비스를 체험하기도 하고, 학습에 참여할 수도 있는 일석이조의 결과를 얻을 수 있다는 것입니다. 학습은 지속적인 관계와 지속적인 모니터링을 통해 효과를 얻을 수 있습니다. 그러한 차원에서 소셜서비스를 이용하여 소셜러닝을 할 수도 있고 스마트러닝에 활용되는 컴포넌트로 활용할 수도 있는 것입니다.

페이스북 내 학습 그룹 예제

07.
비스무리한
스마트러닝

어떤 사람이 스마트러닝에 대해 강의를 하면서 아래와 같이 이야기 했다고 합시다.

"스마트러닝 시대를 맞이하여 One Source Multi-Use(이하 OSMU)가 필요한데, 하나의 동영상을 만들어 웹에서도, 핸드폰에서도, 스마트 패드에서도 보는 것입니다. 이것이 스마트러닝입니다."

여러분은 어떻게 생각하십니까? 필자도 일부는 동의합니다. 하지만 아쉬운 점은 스마트러닝과 상호운영성의 구분입니다.

상호운영성(interoperability)이라는 용어는 예전부터 있었지만 본격적으로 사용된 것은 SCORM이 이러닝 시장에 소개되기 시작될 때인 것으로 기억합니다. 서버가 Unix이건, Linux이건 Windows 계열이건 간에 SCORM으로 콘텐츠를 개발하면 플랫폼 환경에 상관 없이 이식되고 학습 이력도 관리될 수 있습니다. 즉, 하나의 콘텐츠가 여러 개의 시스템에서 잘 이식되고 활용되는 것이 상호운영성입니다. OSMU를 볼 때, 웹에서 봤던 콘텐츠를 핸드폰에서 그대로 볼 수 있다는 것은 스마트러닝을 말하는 것이 아니라 상호운영성을 말하는 것입니다. 상호운영성과 스마트러닝 사이에서 혼선이 빚어지고 있는 것입니다.

사실, 좀 더 깊숙이 들어가보면, OSMU는 OSMU가 아닙니다. 그 이유는 다음과 같습니다. 하나의 동영상을 촬영하고 MPEG-4로 인코딩하여 웹서비스를 위해 업로드한 파일은 사실상 모바일에서 동영상 용량과 네트워크 상태 때문에 그대로 모바일용으로 서비스 할 수가 없습니다. 모바일용으로 활용하기 위해 낮은 해상도의 동영상으로 복제본을 만들어 서비스를 제공하기 때문에 엄밀히 말해 OSMU가 아닙니다. 단지 동일한 내용의 서로 다른 대역폭을 가진 동영상이 여러 개 존재하고 네트워크 상태에 따라 각기 알맞은 동영상을 제공하는 것이죠. 그러나 사용자들은 구분하기 어렵습니다. "어? 웹에서도 서비스 되었던 것이 핸드폰에서도 잘 되네?" 여기에 기술적인 마술이 존재하는 것입니다.

예전에는 하나의 동영상이 개발되면

1) 로컬 컴퓨터에서 여러 대역폭의 콘텐츠를 미리 만들어놓고 서버에 올리는 방식을 취했고, 2) 최근 들어서는 서버에 업로드 시 자동으로 여러 대역폭

으로 분리시켜 업로드 하기도 하며, 3) 하나의 원본 소스에서 서비스 요청이 오면 사용자의 대역폭을 분석하여 알맞은 대역폭의 콘텐츠를 제공하는 방식을 취하기도 합니다. 그러나 위의 세 번째 옵션인 서비스 요청이 올 때 네트워크 상황에 따라 대역폭을 분석하고 이에 맞는 동영상 서비스를 제공하면 서버의 CPU가 높아지며 버퍼링 현상이 나타납니다. 이러한 단점 때문에 많이 사용되지 않고 있고, 앞의 두 가지 방법을 많이 선택합니다.

상호운영성은 스마트러닝을 더 화려하게 하는 기술적인 접근으로 활용되고 있고, OSMU는 스마트러닝의 개념적인 접근을 확장하는 이익을 가져오긴 했지만 직접적으로 스마트러닝이라고 말하는 것과는 구분할 필요가 있습니다.

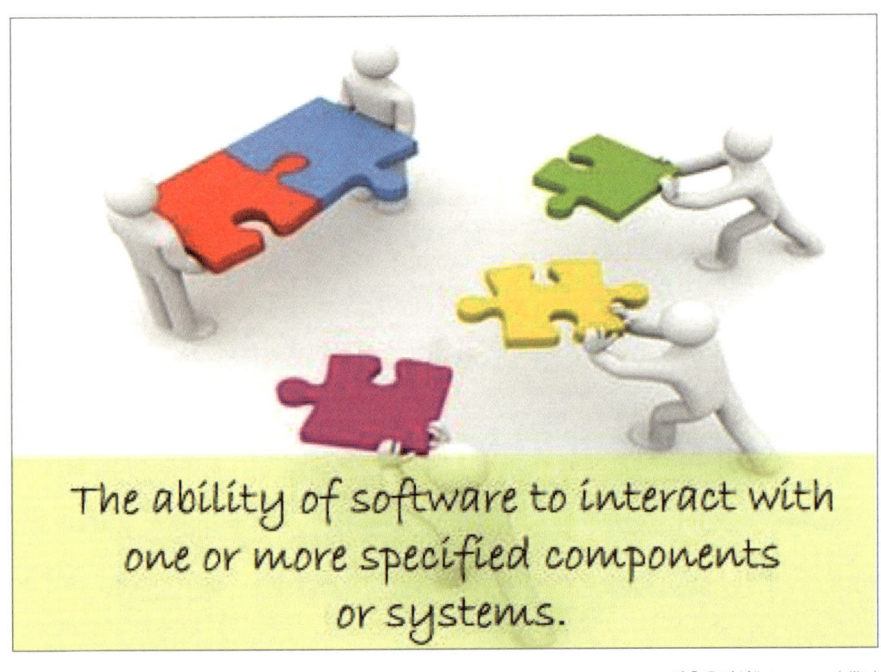

The ability of software to interact with one or more specified components or systems.

상호운영성(Interoperability)
그림출처: http://qatestlab.com/knowledge-center/software-testing-glossary/interoperability/

08.
상호작용성과
스마트러닝

    교육학이나 교육공학 전문가들이 좋아하고 많이 사용하는 용어 중에 하나
가 '상호작용'입니다. 상호작용은 둘 이상의 객체(object)들이 서로 영향을 미
치도록 하는 어떠한 작용(action)을 나타내는 것(Interaction is a kind of action that
occurs as two or more objects have an effect upon one another. - 출처: Wikipedia 영문판
번역)을 말합니다. 이러닝에서 쉽게 볼 수 있는 상호작용을 말하자면 이러닝
콘텐츠에서 아이콘을 클릭할 때 다른 내용이 펼쳐진다거나 게시판을 통해 토
론방을 운영하거나 설문을 통해 의견을 수렴하는 것들입니다. 교육학에서는

학습자-학습 내용, 학습자-학습자, 학습자-교수자의 관계에서 상호작용이 일어난다고 합니다.

스마트러닝에서도 마찬가지로 상호작용은 꼭 필요한 요소라고 볼 수 있습니다. 내가 올린 글에 친구가 찬성하는 댓글을 올리거나 추가적인 보완 자료를 올려주게 된다면 학습 동기를 더욱 유발시켜주고 동시에 더 적극적인 참여를 유도할 수도 있게 되는 거죠.

그러나 우리는 이 시점에서 스마트러닝에서 상호작용이 반드시 필요한지 생각해 볼 필요가 있습니다. 더 말할 나위 없이 그렇다(Yes)입니다. 소극적으로 유튜브 동영상을 보는 것만으로도 상호작용이 됩니다. 보는 것이 무슨 상호작용이냐고 반문할 수도 있겠지만 2012년부터 열풍을 일으켰던 싸이의 강남스타일이 2013년 2월에 13억 이상의 조회수를 기록한 것을 생각해본다면 이해가 쉽습니다. 이 사실은 그만큼 많은 사람들이 이를 보고 즐겼다는 것입니다. 조회만으로도 충분히 재미있는 정보를 다른 사람들에게 제공했고, 이를 기반으로 더욱 더 유명해진 것입니다. 단순히 보는 것만으로도 상호작용에 참여하게 된 것이죠.

스마트러닝에서 사용되는 동영상 포맷은 MPEG-4입니다. 여러 환경에서 구동되는 장점도 있지만 상호작용이 가능하기 때문에 MPEG-4를 더욱 선호합니다. Adobe사에서 개발한 플래시 기반의 FLV 파일도 상호작용하기에 좋습니다. HTML5를 이용하는 개발사들도 상호작용이 손쉽게 된다는 것을 강조합니다.

개발사들이 상호작용을 강조하는 이유는 우리나라에서 유독 상호작용의 중요성을 많이 말하고 있기 때문일 수도 있으니 독자는 스스로 판단할 필요가 있습니다. HTML5와 같은 기술들은 스마트러닝 시대에 적극적인 상호작용을 가능케 합니다. 학습 도중에 링크를 걸어 학습자들이 추가적인 정보를 얻거나 다른 학습자들과의 교류를 통해 정보의 질을 높이게 할 수도 있습니다.

소극적이든지 적극적이든지 상호작용은 우리 몸의 피처럼 스마트러닝에서도 보이지는 않는다고 하더라도 더 동적이면서 좋은 결과를 가져올 수가 있습니다.

강남스타일 UCC (자료출처: 유튜브)

모 통신회사에서 제공한 서비스 중에 호핑(Hopping)이라는 것이 있습니다. 이 서비스는 어떤 영화를 버스에서 보다가 중단한 후 집에 도착하여 조금 전에 보았던 영화를 이어서 보는 개념의 서비스입니다. 이 서비스는 끊김 없는 서비스(Seamless Service)를 의미합니다. 영화에서는 이렇게 간단하게 보았던 영화를 잠시 중단하고 다시 보는 것이라면 학습에서는 또 다른 의미를 가져다 줍니다.

교육에 있어 개인별 학습은 매우 중요합니다. 이러닝이 획일화된 학습이기 때문에 학습에 도움이 되지 않는다는 비평도 있습니다. 그렇기 때문에 개인별로 맞춤형 학습 내용을 제공하고 평가하여 개인에 맞게 관리하여 교육 효과를 높여야 합니다. 이때, 개인별 맞춤학습을 위해서는 개인에 대한 평가가 제대로 이루어져야 합니다. 즉, 개인별로 수준을 명확히 해야 합니다. 개인별로 측정하고 평가하기 위해서는 개인별로 이루어졌던 학습 이력이 매우 중요한 역할을 하는데 끊김 없는 학습은 일반적으로 영화를 보는 것보다 더 큰 의미를 갖게 됩니다.

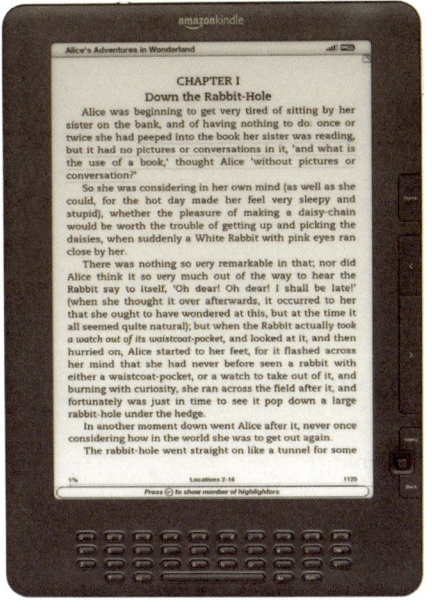

킨들 이미지

동영상 외에 다른 예를 들어봅니다. 누구나 알고 있는 이야기이지만 전 세계적으로 가장 큰 인터넷 서점은 아마존닷컴(www.amazon.com)입니다. 아마존에서 개발한 e-book 리더(Reader) 킨들(Kindle)이라는 것이 있습니다. 킨들의 장점들은 Seamless와 다양한 디바이스를 지원하는 것입니다.

안드로이드나 애플의 킨들 앱을 설치하거나 맥북 에어와 같은 매킨토시 노트북용 킨들 앱을 설치하여 활용이 가능합니다. 실제로 필자도 가끔 이렇게 책을 읽고 있습니다. 버스에서 갤럭시 핸드폰으로 킨들에 다운받은 책을 읽다가 집에 도착한 후에는 노트북을 펼쳐서 넓고 큰 화면으로 책을 읽기도 합니다. 또, 버스 정류장이나 공공장소에서 잠시 시간이 남았을 때, 아이패드를 꺼내서 어제 읽던 책의 읽었던

부분 다음부터 읽기도 합니다. 책을 읽는 것도 학습이므로 끊김 없는 학습 (Seamless learning)이 되고 바로 스마트러닝의 한 부분이 됩니다.

또 다른 예를 들어보겠습니다. 필자는 본 책을 집필할 때, 구글 드라이브를 사용해서 글을 썼습니다. 워드나 아래아 한글처럼 편집성이 더 편한 프로그램을 두고 굳이 구글 드라이브를 사용한 이유는 단 한 가지입니다. 사무실에서나 집에서, 그리고 외부에 나가서도 인터넷만 연결되어 있으면 끊김 없는 글을 쓸 수 있기 때문입니다. 잠시 10분의 여유를 이용하여 책을 쓰는 즐거움을 만끽하는 겁니다. OS가 무엇이든지 상관이 없습니다. 이미 구글에서 윈도우 버전이나 맥용 버전을 지원하고 있습니다. 책을 쓰는 것도 러닝(learning)이고, 스마트러닝의 하나로 활용될 수 있습니다.

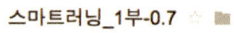

스마트러닝_1부-0.7

File   Edit   View   Insert   Format   Tools   Table   Help   All changes saved in Drive

Normal text · Arial · 11 ·

9. 끊김 없는 학습 (Seamless Learning)

모 통신회사에서 제공한 서비스 중에 호핑(Hopping)이라는 것이 있다. 이 서비스는 어떤 영화를 버스에서 보다가 중단한 후 집에 도착하여 조금 전에 보았던 영화를 이어서 보는 개념의 서비스이다. 이 서비스는 끊기지 않는 서비스(Seamless Service)를 의미한다. 영화에서는 이렇게 간단하게 보았던 영화를 잠시 중단하고 다시 보면 되지만 학습에서는 또 다른 의미를 가져다준다.

교육에 있어 개인별 학습은 매우 중요하다. 이러닝이 획일화된 학습이기 때문에 학습에 도움이 되지 않는다는 비평도 있다. 그렇기 때문에 개인별로 맞춤형 학습 내용을 제공하고 평가하여 개인에 맞도록 관리하여 교육 효과를 높여야 한다. 이 때, 개인별 맞춤학습을 위해서는 개인에 대한 평가가 제대로 이루어져야 한다. 즉, 개인별로 수준을 명확히 해야 한다. 개인별로 측정하고 평가하기 위해서는 개인별로 이루어졌던 학습 이력이 매우 중요한 역할을 하는데 끊김 없는 학습은 일반적으로 영화를 보는 것보다 더 큰 의미를 갖는다.

동영상 외에 다른 예를 들어보기로 하자. 누구나 알고 있는 이야기이지만 전 세계적으로 가장 큰 인터넷 서점은 아마존닷컴(www.amazon.com)이다. 아마존에서 개발한 e-book 리더(Reader) 킨들(Kindle)이라는 것이 있다. 킨들의 여러 장점 중에 하나가 seamless learning이다. 킨들은 다양한 디바이스를 지원한다. 안드로이드나 애플의 킨들 앱을 설치하거나 맥북에어와 같은 매킨토시 노트북용 킨들

구글 드라이브 작업 화면

그런데 끊김 없는 학습에서 가장 중요한 요소는 인터넷 연결성입니다. 인터넷에 연결되어 있지 않다면 끊김 없는 학습을 지원할 수가 없습니다. 그래서 Wifi나 통신사를 활용한 데이터 활용은 필수인 것이죠. 아무리 좋고 다양한 디바이스를 보유하고 있더라도 인터넷이 지원되지 않으면 그림의 떡이 됩니다.

웹 2.0에 가장 중요한 키워드 중 하나는 공유(share)입니다. 공유로 인해 많은 사람들이 동시에 정보를 얻을 수 있고 참여자들의 노력으로 더 풍성한 활동이 형성됩니다. 앞에서도 기술했지만 가수 싸이의 강남스타일 UCC가 2013년 2월에 13억 회 이상 조회한 기록을 남겼는데요, 이 조회 기록 중에 얼마나 많은 사람들이 이 UCC 주소를 공유했을까요? 그것은 가늠하기 조차 어렵습니다. 정확하지는 않지만 SNS를 하다 보면 조회한 사람들의 30% 정도는 링

크를 공유하거나 다른 사용자들의 내용을 공유할 것으로 예상이 됩니다. 공유는 마치 벌이 꽃들을 옮겨 다니면서 수분을 날라다 주는 것과 같은 역할을 하는 것입니다.

이러닝 시장에서 공유는 대표적으로 미국 MIT 대학교의 OCW(Open Course Ware)를 들 수 있습니다. 수만 강좌를 무료로 들을 수 있도록 개방한 것이고, 얼마든지 공유하도록 한 것입니다. 초창기만 하더라도 OCW의 철학은 획기적이어서 많은 학자들이 이 사이트를 주목하고 연구했습니다. 그리하여 여러 나라들을 대상으로 비슷한 사이트들이 생겼습니다. 일본의 JOCW, 한국의 KOCW가 대표적이라고 할 수 있습니다.

MIT OCW

공유는 집단지성(Collective Intelligence)과 자연스럽게 연결됩니다. 집단지성은 다수의 개체들이 서로 협력하거나 경쟁을 통하여 얻게 된 지적 능력의 결과로 얻어진 집단적 능력을 일컫는 용어인데, 대중이라는 기존 용어에서 좀 더 구체적이면서 목적을 가지고 나타난 결과를 의미합니다. 집단지성을 이루게 된 과정에는 공유라는 역할이 매우 중요했습니다. 또한 공유를 위해 필요한 기술들이 등장했고요. 아시겠지만 RSS, Open API, Mash-up, Microformat 등을 꼽을 수 있습니다. 이러한 기술들이 등장하지 않았다면 공유는 쉽게 전개되지 못했을 것입니다.

공유는 학습 내용의 완성도를 높이는 데에도 많은 공헌을 했습니다. 대표적으로 위키피디아(Wikipedia)는 한 사람이 어떠한 주제나 내용에 대해 올리면 내용을 평가하여 그대로 두거나 에디터(Editor)가 삭제할 수도 있습니다. 다른 사람이 올린 글에 대해 보완할 수도 있고, 가감할 수도 있습니다. 이것은 네이버에서 제공하는 지식인 서비스와는 다른 개념입니다. 지식인은 하나의 질문에 대해 게시판의 댓글 형태로 이루어져 있지만 위키피디아는 기록한 글 자체에서 편집하거나 보완할 수도 있기 때문입니다.

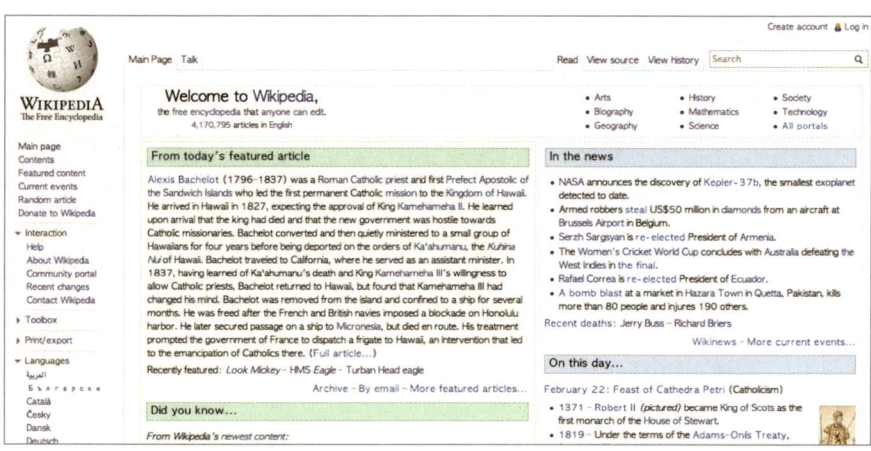

영문 위키피디아

이렇듯 공유는 사람들 사이에서 짧은 시간 내에 퍼지기 때문에 스마트러닝에 있어서 꿀벌과 같은 역할을 합니다. 부지런히 좋은 콘텐츠를 잘 선정하여 자기 친구들이나 동료들에게 공유하기만 해도 파워 유저로 인정받을 수 있습니다. 스마트러닝에 있어 꿀벌과 같은 공유가 없었더라면 꽃을 피우는 것이 가능했을까라는 생각을 해봅니다.

11.
스마트러닝의
현 위치는?

과거 현재 미래

과거와 현재가 있어야 미래가 있습니다.

미래는 얼마면 되죠?

앞으로 스마트러닝이 나아가야 할 방향성은 무엇일까요? 이 질문에 대해 명확하게 대답하기는 어렵지만 현재 위치를 파악한다면 앞으로의 방향성 을 어느 정도 가늠할 수 있을 것이라 생각합니다. 혹자는 시대적으로 학습 의 흐름이 ICT 활용 교육으로부터 이러닝, 유러닝, 스마트러닝으로 이어져왔 다고 말합니다. ICT 활용교육 시절에는 컴퓨터를 주로 활용했고, 이러닝에서 는 웹을 기반으로 한 LMS를 활용했습니다. 유러닝에서는 이동성을 겸비한

m-Learning이 나오다가 곧바로 스마트러닝으로 이동했습니다. 스마트러닝은 지능형 학습이 된다는 주장도 있지만 이것은 교육학적인 접근 방법이고 현재까지 발표된 자료는 아래와 같습니다.

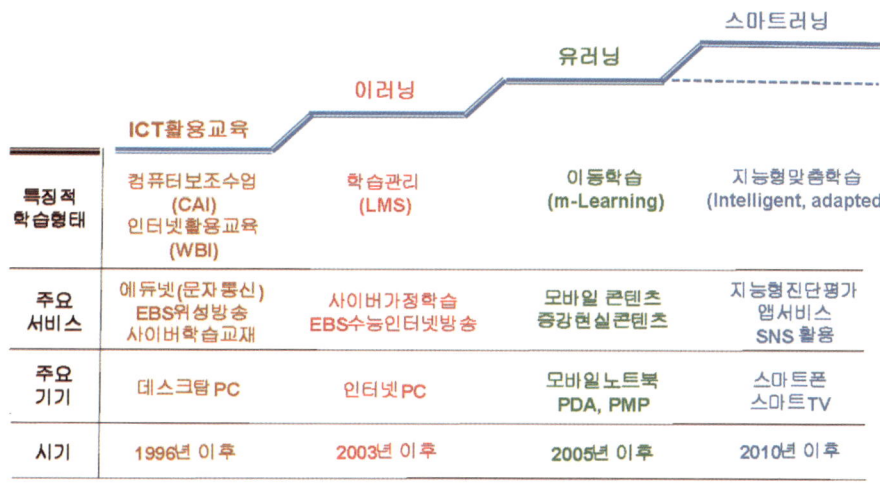

	ICT활용교육	이러닝	유러닝	스마트러닝
특징적 학습형태	컴퓨터보조수업 (CAI) 인터넷활용교육 (WBI)	학습관리 (LMS)	이동학습 (m-Learning)	지능형맞춤학습 (Intelligent, adapted
주요 서비스	에듀넷(문자통신) EBS위성방송 사이버학습교재	사이버가정학습 EBS수능인터넷방송	모바일 콘텐츠 증강현실콘텐츠	지능형진단평가 앱서비스 SNS 활용
주요 기기	데스크탑 PC	인터넷 PC	모바일노트북 PDA, PMP	스마트폰 스마트TV
시기	1996년 이후	2003년 이후	2005년 이후	2010년 이후

출처: 장상현(2010), 교육3.0과 스마트러닝, KERIS 수요포럼

KERIS의 장상현 박사는 현재 스마트러닝이 Education 2.0과 Education 3.0 사이에서 혁신과 변화 영역(Innovation and transformation zone)에 있다고 발표하기도 했습니다.

Web 2.0을 중심으로 한 e-Learning 2.0의 주요 키워드는 "공유와 참여"라고 볼 수 있습니다. 그럼 web 3.0과 4.0에서는 어떠한 기술들과 내용들이 있을지 예측해보겠습니다.

노바 스피바크(Nova Spivack)는 2007년에 web 3.0 트랜드로 시멘틱 검색, 시멘틱 데이터베이스, 위젯과 지능형 에이전트를 꼽았습니다. 그는 이러한 Web 3.0은 2020년까지 이어지다가 그 이후에는 Web 4.0으로 넘어갈 것이라고 예측했습니다. 현재 상용되거나 활용되고 있는 기술 트랜드는 Web 2.0에 포함되는 위키, SaaS, 소셜 네트워킹, Mashup 등입니다. 현재 시점에서 보면 기간의 차이는 있겠지만 Web 2.0까지 어느 정도 맞아 떨어지고 있습니다.

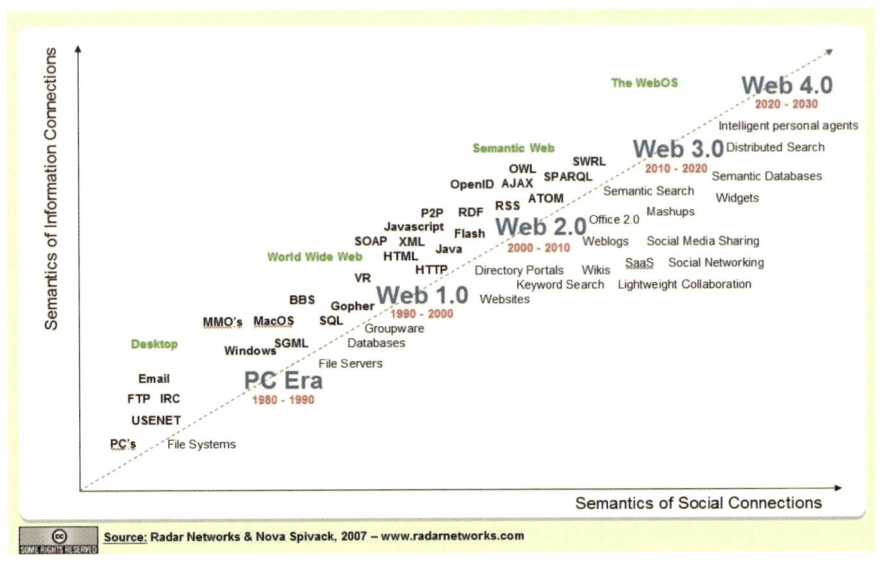

Web 기술의 발전 (출처: Radar Networks & Nova Spivack, 2007)

이러닝 전문가 박춘원 CTO는 "e-Learning 3.0 시대, SNS 기반 차세대 e-러닝 플랫폼의 발전 방향(2010)"이라는 발표 자료에서 시멘틱 웹과 검색을 통한 지능화에 대해 언급한 바 있습니다. 앞으로는 검색엔진이 지능화되어서 사용자 맞춤형 서비스가 될 것이라는 것입니다.

학습에 사용되는 기술들은 Web 기술에 근거하기 때문에 웹 기술을 토대로 위치를 찾는 것이 현명할 것입니다. 현재 스마트러닝은 Web 2.0 기술과 Web 3.0 기술 사이에 존재하는 것은 분명합니다. 그러는 가운데 교육학적 접근, 기술적 접근, 시대적 접근 등 여러 측면의 이론들과 적용이 나타나고 있습니다. 2010년까지를 Web 2.0의 소개 단계라고 한다면 2011년도부터 2013년까지는 Web 2.0 기술의 활용단계라고 볼 수 있습니다. 스마트러닝도 이러한 Web 2.0 기술들과 환경을 토대로 해서 변화하고 있습니다.

스마트러닝은 기술적인 접근과 개념적 접근으로 구분해서 분석할 필요가 있습니다. 이는 현대에 있어 너무 기술의 발전 위주의 적용으로 인해 개념적 접근과 그 사이에 있는 사용자들이 무시될 수 있기 때문입니다

스마트러닝의 현 위치

그럼 스마트러닝에 적용되는 기술들과 환경들은 무엇이 될까요?
그것은 다음 장에 자세하게 하나씩 다루기로 하겠습니다.

II

스마트러닝의 구성요소들

01.

스마트러닝을
지원하는 플랫폼

일반 웹 상의 LMS

스마트러닝을 지원하는 플랫폼은 도대체 무엇을 말하는 것일까요? 학습용 플랫폼은 학습에 필요한 기능들을 제공하고, 학습자들을 관리하고, 콘텐츠를 제공하는 기능들을 가진 시스템이라고 할 수 있는데 보통 학습관리시스템(Learning Management System; LMS), 학습콘텐츠관리시스템(Learning Content Management System; LCMS)을 말합니다.

LCMS는 학습 콘텐츠를 중심으로 관리합니다. LCMS는 해당 콘텐츠를 얼마나 봤고, 메타데이터(Metadata)는 무엇이며, 어떻게 재활용되었는지를 관리하는 것과 과정들을 재구성하는 데 필요한 기능들을 제공합니다.

LMS는 사람을 중심으로 관리합니다. LMS는 학습자가 몇 개의 차시를 학습했고, 보고서를 제출했으며, 평가 결과에 따라 수료했는지에 관한 여부를 판단하는 데 필요한 기능들과 이 외에 기타 기능들을 제공하고 있습니다.

그렇다면 위에서 질문을 던진 스마트러닝을 지원하는 플랫폼은 무엇을 의미할까요? 여기에서는 두 가지 측면을 다 고려해야 합니다. 첫째는 얼마나 다양한 리소스들을 수용할 수 있는 플랫폼이냐 하는 것과 둘째는 얼마나 다양한 환경에서 다양한 형태로 서비스가 제공되느냐 하는 것입니다.

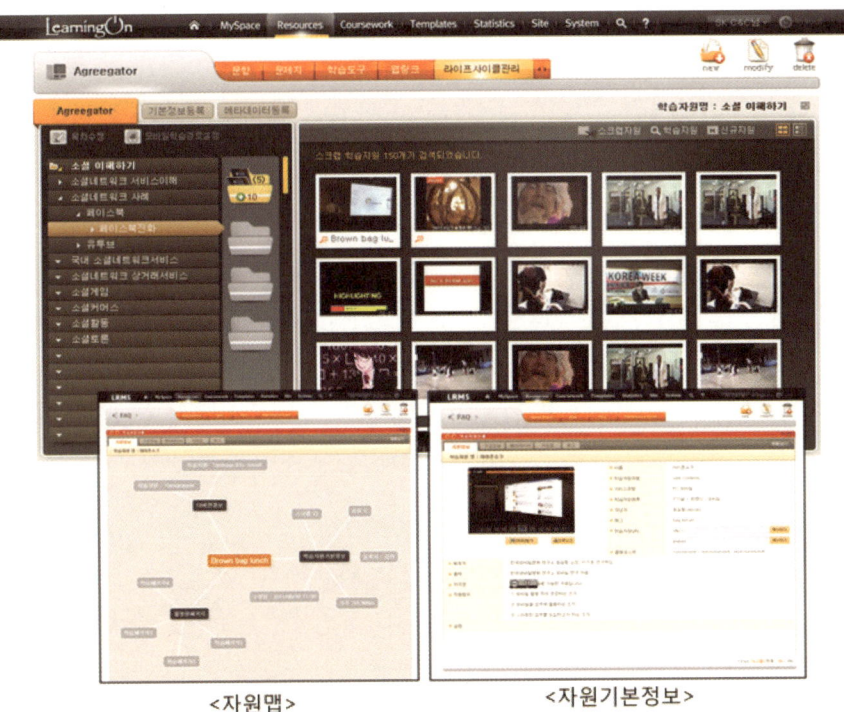

<자원맵>   <자원기본정보>

자료제공: SK C&C

첫째, 리소스 활용 사례로는 SK C&C에서 개발하여 운영하고 있는 LearningOn이란 이름의 LMS를 들 수 있습니다. LearningOn은 이러한 두 가지 측면이 나름대로 충족된 시스템이라고 평가할 수 있습니다. 이 제품은 LMS가 가지고 있는 WBI(Web Based Instruction) 형태의 콘텐츠나 동영상 콘텐츠들을 수용하는 것 외에 웹 콘텐츠, 토론 주제, 문항/문제지, 학습도구, 웹 링크, 소셜 자원(Twitter, Facebook, Me2day, Flickr, Slideshare, YouTube, Google+) 등을 학습 콘텐츠로 활용할 수 있습니다.

10여 년 전부터 다양한 리소스들을 학습에 활용할 수 있도록 설계된 LMS 중에 오픈 소스로 유명한 무들(Moodle)이 있습니다. 무들에서도 자기 정보 관리화면에서 SNS를 추가하여 활용할 수 있습니다.

우리는 여러 리소스들 중에서 토론 주제, 소셜 자원 지원에 대해 좀 더 유심히 봐야 할 필요가 있습니다. 이러한 자원들은 스마트러닝 시대에 공유를 통해 단순한 기능 제공 차원이 아닌 학습자들에게 적극적인 참여를 유도하고 그 안에서 학습 효과를 얻도록 하는 것입니다.

둘째, 다양한 환경 하에서 학습이 지원되도록 하는 것은 학습자들이 어떠한 환경에서도 학습이 가능하게 한다는 측면에서 중요합니다. 다양한 환경이라는 것은 일반적으로 우리가 쉽게 생각할 수 있는 PC 외에 스마트폰, 스마트 태블릿(Tablet) 등을 꼽을 수 있습니다. 이 외에 점진적 활용이 가능한 환경을 제공하는 디바이스들로는 스마트TV, e-book Reader, HMD 등을 들 수 있습니다. 이 중에서 가장 많이 일반적으로 활용할 수 있는 것이 스마트폰과 스마트 태블릿이기 때문에 대부분의 스마트러닝 서비스 제공자들은 이 두 가지 디바이스에 많은 배려를 하고 있습니다.

교육부에서는 2015년까지 스마트러닝 플랫폼 구축 운영을 계획하고 있는데요, 스마트러닝 플랫폼 구축에 관한 내용을 살펴보면, 크게 이용자 활용 영역과 클라우드 서비스 영역으로 구분됩니다. 이용자 활용 영역에서는 교사와 학생 중심의 학습포털, 교과서 뷰어, 학습 커뮤니티, 온라인 평가, 교수학습 지원도구, 개발지원센터 등과 같은 기능들이 포함되어 있습니다. 클라우드 서비스 영역에서는 콘텐츠 유통 플랫폼, LMS, 클라우드 저장소로 구분되어 서비스를 제공합니다. 교육부에서 제공하게 될 스마트러닝 플랫폼은 이처럼 방대한 기능들을 포함하고 있는 대형 항공모함과도 같습니다. 각각의 영역에 많은 기능들이 유기적으로 연결되고 관리되도록 배치되었습니다. 특히 학습자들의 학습 활동들을 잘 활용할 수 있도록 구성되어 있어 학습자 관리가 용이합니다. 클라우드 저장소는 메모/필기, 북마크, 하이라이트, 하이퍼링크, 보조자료/수업꾸러미 등을 저장하여 언제 어디서나 내가 학습하며 기록한 정보들

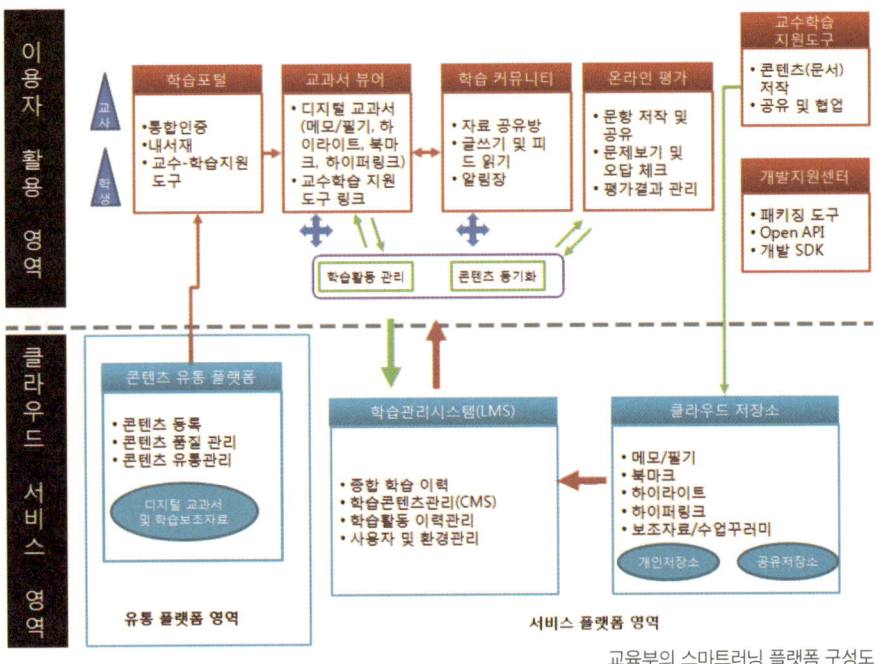

교육부의 스마트러닝 플랫폼 구성도

의 관리가 가능합니다. 개인적으로 이렇게 철저하게 관리하려는 방식은 지극히 한국적인 정서에서 나왔기 때문에 국제적으로 반영하기에는 무리가 있어 보이기는 합니다.

이제는 글로벌 이러닝 기업의 LMS를 살펴보기로 합니다. 전 세계적으로 많이 보급된 LMS 중 하나인 Blackboard는 현 환경에서 요구되는 기능들을 대부분 포함하고 있습니다. 기능들을 보면 Social learning, Calendar, Video everywhere, content editor, open standards & security, enterprise surveys & course evaluations, item analysis 와 같은 것들입니다. 여기에서 눈에 띄는 것들이 있는데 하나씩 살펴보도록 하겠습니다.

- 소셜러닝: 소셜서비스에 있는 피드(feed) 뿐만 아니라 친구들과의 인맥을 통한 학습 참여를 유도하고 있습니다. 메시지툴(message tool)은 비동기 의견교류 (asynchronous communication)를 통해 학습자간 상호작용을 유발하고 있고, 피플툴 (people tool)은 학습 네트워크(learning network)에 있는 사람들을 검색하여 자기 친구로 연결할 수 있습니다. 이렇게 메시지툴과 피플툴을 이용해 협력학습이 가능하게 하고 있습니다. 사용자가 그룹 공간만 만들어 놓으면 네트워크에 있는 다른 학습자들이 쉽게 참여할 수 있습니다.
- 캘린더(calendar): 왜 여기에 들어와 있을까 의아해 할 수 있겠지만 구글 캘린더나 아웃룩(outlook)과 연동하여 자기 일정과 연계되도록 해서 학습 중에도 일정 관리가 용이하고 스마트폰에서도 반영이 되도록 한 것입니다. 학습과 함께 생활의 편리성까지 LMS 기능 내에 포함시킨 것이라 할 수 있습니다.
- Video Everywhere: 자기만의 UCC를 직접 제작하여 올릴 수 있을 뿐만 아니라 유튜브에 있는 동영상들을 검색하여 나만의 라이브러리를 구성할 수 있게 만들

어졌습니다. 기존에 비디오와 관련된 기능들을 학습 플랫폼에 잘 활용했다고 볼 수 있습니다.

- Content Editor: 기존에 업로드된 학습 콘텐츠를 수정하고 자기만의 콘텐츠를 만들어 공유하는데 활용 가능합니다. 사용자가 직접 만든 콘텐츠의 개념(User Created Content)을 충분히 반영했다고 볼 수 있습니다.

- 표준과 상호운영성: 이 기능은 참 재미있는 기능입니다. IMS LTI 1.1(Learning Tool Interoperability 1.1)을 지원하는데 제 3사가 개발한 툴과 호환하여 성적을 교류할 수 있도록 한 것입니다. 권한 관리에 있어서도 InCommon 연방이 사용하는 Shibboleth와 CAS 권한 표준을 활용하고 있습니다. 우리에게는 친숙하지 않지만 접근성과 서비스에 관한 권한 표준으로 이해하면 되겠습니다.

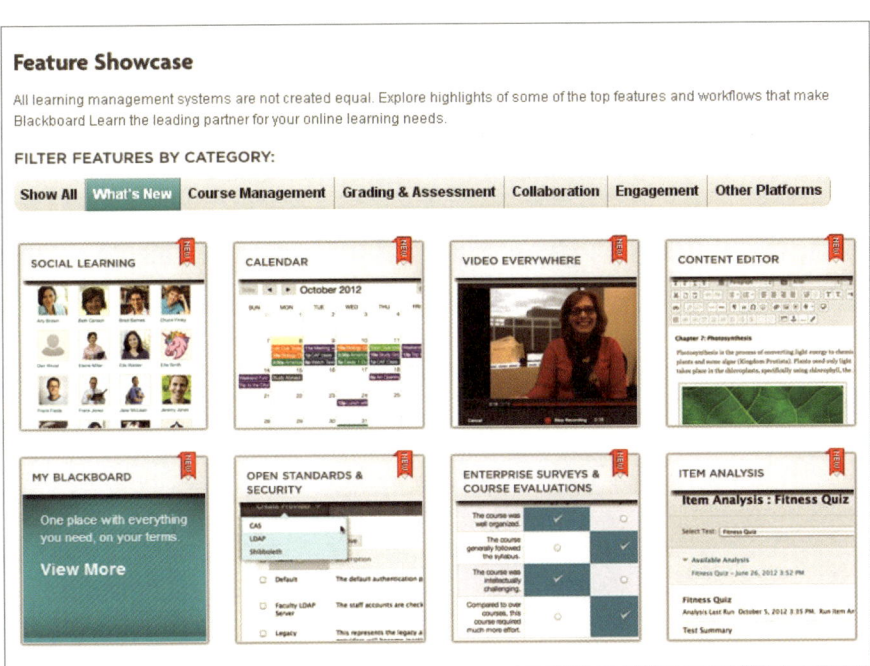

Blackboard의 새로운 기능들

모바일 플랫폼

모바일 플랫폼이란 웹상에서 운영되는 LMS 기능들을 스마트폰이나 태블릿에서도 보고 학습할 수 있도록 하는 것입니다. 얼핏 보면, 웹 상의 메뉴를 그대로 모바일 디바이스에 맞도록 축소하고 간소화 한 것으로 보입니다.

모바일 플랫폼의 장점은 이동성과 편리성으로 볼 수 있습니다. 모바일 플랫폼은 웹용 플랫폼을 구축하고 이를 보완하기 위해 개발하는 경우가 대부분이기 때문에 웹용 플랫폼의 메뉴를 따라가는 것이 일반적입니다.

그런데 미국 캘리포니아에 위치한 Instancy사는 모바일용 플랫폼을 독립적으로 개발하여 홈페이지 마법사 기능처럼 사용자가 모바일 플랫폼을 직접 구축할 수도 있으며 앱(app)을 직접 생성하여 앱스토어에 올릴 수 있게 만들었습니다.

Instancy mobile LMS의 주요 기능들입니다.

- 멀티 서브 학습센터(sub-sites)
- 콘텐츠 카탈로그 및 내 카탈로그
- 다양한 지불 형태 지원
- 블랜디드 러닝 및 다양한 콘텐츠 형태 지원

  문서 형태

  이러닝 코스

  평가

  온라인 설문

  이벤트 관리

  오디오/비디오 형태

e-book

- 학습 콘텐츠를 웹앱(Web app) 형태나 원초적 앱(Native app)으로 제공

- 강력한 사용자 관리, 진도 관리 및 보고서

이러한 기능들을 정리해 보면, 모바일 플랫폼이 단순히 웹 플랫폼에 종속적이거나 부수적인 기능으로만 보여지는 것이 아니라 독립적으로 활용할 수 있고, 웹 플랫폼을 거치지 않고도 모바일과 오프라인 학습을 연계한 블랜디드 러닝도 가능할 것으로 보여집니다.

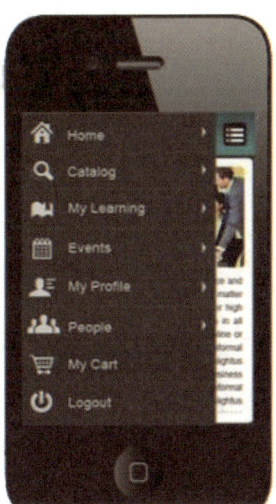

Instancy mobile LMS

교육 및 이러닝 관련 뉴스를 다루는 교육 정보지 Semizone(www.semizone.com)에서는 모바일 LMS가 가져야 할 10가지 특징들을 아래와 같이 정리하고 있습니다.

1. 원래 LMS처럼 모든 알림 기능이 있어야 한다. 이것은 SMS 알림이 아니라 모든 메시지, 공지사항, 그리고 모바일 버전의 게시판에 올라온 뉴스들을 알려주는 것을 의미한다.

2. 사용한 데이터의 변경사항이 학습 계획에 반영된 것이 모바일 환경에 친숙한 사용자이든 친숙하지 않은 사용자이든 확인할 수 있어야 한다.

3. 원래 LMS 버전 안에 있는 동일한 뷰(view)를 제공해야 한다. 모바일 디바이스에서 제공되지 않는 뷰(view)들은 최소한이라도 볼 수 있어야 한다.

4. 사용자들은 원래 LMS 버전에 로그인하지 않더라도 지원을 받기 위해 고객센터 기능에 질문을 올릴 수 있도록 해야 한다.

5. 암호를 변경하거나 암호 분실 시 찾을 수 있도록 해야 한다.

6. 사용자의 모바일 디바이스가 변경되더라도 플랫폼은 곧바로 이를 지원해야 한다.
   (디바이스, 플랫폼 제공자의 디바이스가 변경되더라도 자동으로 접근이 완벽하게 되어야 한다.)

7. 중요한 MIS 데이터에 대한 과정 수료 및 평가 날짜와 같은 제어판 기능들을 제공해야 한다.

8. 모바일 플랫폼에 사용자 질문 기능이 있어서 고객의 질문에 곧바로 반응할 수 있는 지원센터의 접근성을 제공해야 한다.

9. 사용자들에게 학습 자료들을 제공할 수 있는 기능이 있어야 한다.

10. 긴급 공지, 전체 메시지를 전송할 수 있는 기능이 있어야 한다.

위 10가지를 보면 사용자들이 모바일 디바이스를 사용하면서 피해를 보거나 불편함을 겪지 않도록 해야 한다는 것이 골자입니다.

LMS는 아니지만 비형식 학습용 플랫폼 역할

위에서 설명한 이러닝 전문기업들이 제공하는 플랫폼은 이러닝을 경험한 사람들에게는 익숙하겠지만 그렇지 않은 사람들에게는 만만하지가 않습니다. 필자는 스마트러닝 시대에서는 반드시 LMS나 LCMS를 중심으로 학습관리를 해야만 한다는 논리는 이제 접어야 한다고 생각합니다. 이것이 스마트러닝에 쉽게 접근할 수 있는 여지를 만들어 줄 수 있습니다. 그렇다면 어떠한 형태일 때 일반 사용자들에게 편리함을 제공하면서 필요한 정보들을 제공할 수 있을까요?

TED 사이트를 일반 사이트라고 생각하는 독자들이 많을 것입니다. 그러나 TED.com 사이트를 세세히 살펴보면 비록 LMS는 아니지만 비형식 학습을 지원하고 상호작용이 어느 LMS보다도 잘 되어 있다는 것을 파악할 수 있습니다.

공유

스마트러닝에 있어 플랫폼의 주요 기능 중 하나는 공유입니다. TED강의를 본 사람들이 자기가 좋아하는 강의를 친구들과 공유하기도 하지만 반대로 항상 TED 강의 소식을 듣기 위해 팔로우(follow)의 기능을 사용하기도 합니다. 페이스북이나 트위터에 아래 그림과 같은 팔로우 아이콘을 클릭하면 손쉽게 최신 강의들을 접할 수 있게 됩니다. 페이스북 내에 TED의 '좋아요'를 클릭한 회원은 2013년 2월말 현재 270만 명입니다. 즉, 새로운 소식이 업데이트되었을 때에 많은 사람들에게 자동으로 소식이 전해졌다는 것입니다. 또한 RSS 피드 서비스도 같이 제공하고 있어 RSS를 통한 업데이트 소식도 쉽게 전할 수 있습니다.

공유 방법은 이처럼 쉽고 간편하기 때문에 많은 사용자들이 따라 하기도 하고 이러한 모델들을 모방하기도 합니다.

CCL

누구나 TED 콘텐츠를 자유롭게 인용하고 설명하고 화면 캡처하고 또한 강의에 활용할 수도 있습니다. 이것은 TED가 콘텐츠를 무료로 제공하고 있기 때문인데 그렇다고 무분별하게 마구 사용하게 한다는 의미는 아닙니다. Creative Commons License를 표시해야 하는데 이 표시를 하면 누구나 마음대로 활용할 수 있습니다.

TED의 콘텐츠를 복사, 공유하고자 할 경우 TED는 다음과 같이 3가지 사용 조건을 제시합니다.
첫째는 저작권자나 라이센스 허용자의 강의나 산출물이라는 것을 밝혀야 하고, 둘째로 상업적으로 사용하지 말아야 하고, 마지막으로 변형하지 않아야 합니다.

You are free:

to Share — to copy, distribute and transmit the work

Under the following conditions:

 Attribution — You must attribute the work in the manner specified by the author or licensor (but not in any way that suggests that they endorse you or your use of the work).

 Noncommercial — You may not use this work for commercial purposes.

 No Derivative Works — You may not alter, transform, or build upon this work.

TED가 제시하는 콘텐츠 사용 조건

사용자 참여

TED 콘텐츠에서 더 놀라운 사실은 사용자 참여 부분입니다. 일반적으로 우리는 콘텐츠가 마음에 들 때 클릭하도록 '좋아요' 아이콘을 배치하여 호응도를 봅니다. 그러나 TED 콘텐츠는 좀 더 진보적이고 체계화된 선호도를 조사합니다. 청취한 강의가 구체적으로 어떠한 감동과 변화를 주었는가를 알 수 있도록 구성한 것입니다. 선호도 체크도 3개까지 하도록 유도하여 본 강의에 대한 피드백을 자세히 받을 수 있도록 하였습니다. 선호도 결과도 Web 2.0의 기술을 사용하여 시각적인 효과를 주었습니다.

이 정도면 웬만한 LMS 부럽지 않습니다. 굳이 여러분은 새로운 LMS를 기획할 필요가 없습니다. 이러한 포맷만 잘 유지해도 훌륭한 플랫폼 역할을 할 수 있습니다. 특히 이러한 상호작용은 학습자-학습자 간 상호작용을 즉시 확인할 수 있는 장점이 있습니다.

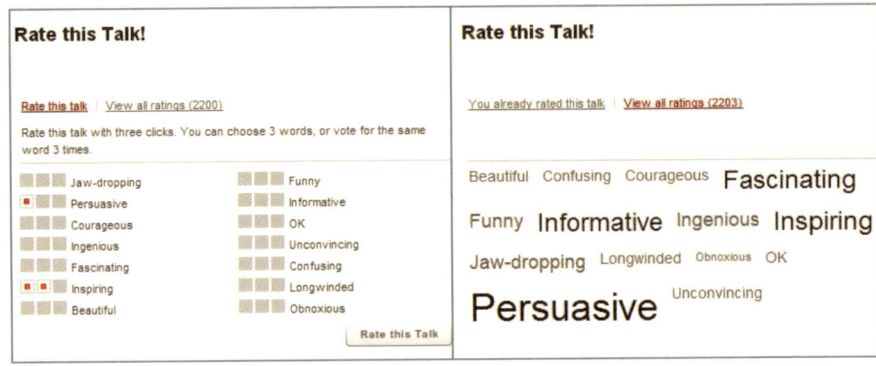

선호도 조사 질문 문항과 결과

접근성

접근성에 대해서는 접속하는 툴과 상관 없이 구동될 수 있도록 지원하고 있습니다. 한국에서는 MS의 Internet Explorer를 많이 사용하지만 해외에서는 Safari, Firefox, Chrome 등 다양한 브라우저를 사용하고 있습니다. 이러한 브라우저에 상관 없이 동일한 사용자 화면(User Interface; UI)을 제공하는 것은 HTML5 를 준용하기 때문입니다. TED는 2010년 블로그를 통해 HTML5 비디오를 사용해서 다양한 디바이스에서 콘텐츠를 문제 없이 제공하고 있다고 밝힌 바 있습니다.

다국어 지원

TED는 다국어 지원에 있어서도 콘텐츠가 많이 확산될 수 있게 하는 견인차 역할을 했습니다. 다국어 지원에 대한 세세함은 다른 외부 사이트에서 직접 동영상을 끼워 넣기가 가능하게 하는 Embed 기능에서도 확인할 수 있습니다. 단순하게 동영상을 외부 웹페이지에서 끼워 넣기가 가능하도록 지원하는 것뿐만 아니라 해당 국가의 언어까지도 선택하여 활용될 수 있도록 했습니다. 스마트러닝에서 사용자를 배려하고 편리성을 제공한 것입니다.

다국어 지원 화면

학습 플랫폼에 관해 정리하며

　Blackboard LMS의 특징은 소셜러닝을 적극적으로 학습의 구성원으로 참여시키도록 한 것과 IMS의 LTI 1.1 표준을 도입하여 성적을 교류하도록 한 것입니다. Saba의 경우에는 일반 LMS 외에 Social learning, Mobile learning, profile learning으로 세분화여 기능들을 특화시키고 상황에 맞도록 구성하였습니다. 이 외에 다른 LMS 개발사들은 비슷한 개념으로 유사한 기능들을 제공하고 있습니다. 종합해 보면, 플랫폼에 있어서는 틀에 갇힌 기능들을 제공하기 보다는 제 3의 툴, 또는 소셜서비스와의 연계가 지속적으로 이루어지고 있음을 알 수 있습니다.

　모바일 플랫폼은 지금까지 웹용 플랫폼에 종속적으로 간소화된 메뉴로 제공되거나 최소한의 메뉴로 제공하였습니다. 그러나 이제는 모바일 플랫폼 자체를 독립적인 형태로, 비즈니스 모델로 가져가는 형태도 이동하려는 모델들로 등장한 것을 확인할 수 있습니다. 앞으로 시간이 좀 더 걸리겠지만 모바일을 중심으로 한 호스팅과 클라우드 기반의 솔루션을 제공하여 웹을 의지하지 않고도 학습이 이루어지는 Only Mobile LMS가 등장할 것으로 기대됩니다.

그러나 궁극적으로 스마트러닝 시대에 있어 플랫폼은 좀 더 자유롭고 사용자들의 접근성을 높인 서비스 형태로 옮겨갈 가능성이 높습니다. TED.com의 경우도 그렇고 앞으로도 더 많은 서비스 제공사들이 이와 같은 형태로 콘텐츠를 제공할 것입니다.

어떠한 플랫폼이 편하다고 생각되시나요? 개발자나 기획자라면 전문 이러닝 업체들의 플랫폼을 선호하겠지만 일반 사용자라면 TED와 같은 개방형 플랫폼을 선호할 것입니다. 아무래도 개발자나 기획자보다는 일반 사용자의 수가 더 많기 때문에 개방형 플랫폼으로 옮겨갈 가능성이 더 높습니다. 이제 전통적인 플랫폼 형태의 벽은 무너지고 있습니다. 개방형 플랫폼이 더 친숙하고 타 시스템과의 연동도 더 쉽고 학습에 대한 부담도 적습니다. 이것이 스마트러닝을 기대하는 일반 사용자들의 눈높이요, 기대감이라는 것을 잊지 말아야 합니다.

02.
콘텐츠

TED 콘텐츠를 보고 스마트러닝을 보며

필자는 전 세계적으로 많이 알려진 질 높은 TED 동영상 콘텐츠를 자주 시
청하는 편입니다. TED 콘텐츠에는 나름대로 각 분야에서 유명한 학자, 사업
가, 교사, 환경 운동가 등 다양한 직업을 가진 분들이 출연하여 5~20분 사이
의 짧고 임팩트 있는 강의를 합니다. 때로는 너무 짧아서 아쉬운 강의들도 있

지만 그 나름대로 의미 있는 학습 주제를 충분히 전달했기에 참석한 청중의 기립박수를 받기도 합니다.

90년도에 천리안, 하이텔 등 통신사 중심의 접속 서비스에서 범용적인 웹 서비스를 경험했을 때 '이러한 세상이 컴퓨터 안에 있다'는 사실에 놀라움을 감추지 못했던 시절이 기억납니다. TED의 강의 내용은 평소에 접하기 어려운 주제들을 전달하고 많은 사람들로부터 사랑을 받고 있습니다. 이 TED 강의는 무료로 배포되고 있고, 인터넷 속도도 훌륭합니다. 더불어 안드로이드나 IOS용 앱도 무료로 배포하기 때문에 누구나 쉽게 어디서나 강의를 듣고 볼 수 있습니다. TED가 양질의 강의라는 것이 알려지면서 많이 공유되고 퍼져 나갔습니다.

필자가 TED를 접하게 된 계기는 트위터에서 마이크로소프트의 빌 게이츠가 올린TED 인류 통계학에 관한 재미있는 강의를 보면서였습니다. 그때, 빌 게이츠가 보는 강의라면 내가 봐도 좋을 것 같아 보게 되었는데 아주 훌륭한 아이디어와 도구를 이용해 어려운 인류 통계에 관한 내용을 쉽게 풀어 강의한 것을 보고 놀란 적이 있습니다.

트위터나 페이스북과 같은 SNS 서비스는 TED가 확산되는 것에 한 몫을 차지했습니다. 지금은 많이 보편화 되어서 강의나 게시물에 facebook, twitter의 아이콘을 많이 볼 수 있는데 자기가 본 내용을 쉽게 공유할 수 있도록 만든 것입니다. 이 공유의 힘은 마치 거미줄처럼 나와 관계를 가진 모든 사람들 사이에서 거침 없이 퍼져나갑니다. 정말 무서운 힘이라 하지 않을 수 없습니다.

두 번째로 TED에서 엿볼 수 있는 콘텐츠의 특징은 OSMU(One Source Multi-Use)입니다. 하나의 동영상을 통해 다양한 디바이스를 지원하고 있습니다. 물론 대역폭에 따라 여러 개의 동영상을 준비하고 제공하겠지만 그래도 개념적

TED 콘텐츠(www.ted.com)

으로는 하나의 동영상을 활용한 서비스라고 할 수 있습니다. 이를 위해 TED
는 H.264 코덱을 HTML5 포맷에 맞춰 제공하고 있습니다.

공유를 위해 SNS와의 연계고리를 만들었고, RSS Feed도 지원하고 있습니
다. 앞서 플랫폼에서도 밝힌 바와 같이 콘텐츠에 대한 평가도 세밀하게 구성
되어 있습니다.

그런데 TED 동영상을 보면 재미있는 현상을 볼 수 있습니다. 동영상을 둘
러싼 기능들이 마치 세트처럼 움직이고 있다는 것입니다. 공유를 위한 기능,
선호도를 나타내는 Rate 기능, 다국어 지원 기능 등입니다. 이러한 기능들이
동영상과 연결되어 있지 않다면 놀라운 효과를 나타낼 수 있을까요? 이렇게
보면 스마트러닝 콘텐츠에 관해 이야기하고 있는데 독자는 시스템으로 착각
할 수도 있습니다. 물론 그렇습니다. 콘텐츠는 자체적으로 무엇을 할 수 없습

니다. 플랫폼의 기술적인 선처를 통해 비로소 꽃을 피우게 되는 것입니다. 예전에는 콘텐츠와 솔루션의 구분이 명확했지만 스마트러닝 시대로 들어서면서 플랫폼과 콘텐츠의 영역이 점차 모호해지고 있습니다. 즉, 콘텐츠를 둘러싼 기능들이 하나의 세트로 움직여서 더 많은 효과를 내기 때문에 시스템 설계 시 이와 같은 기능들을 고려해야 하고, 콘텐츠 기획상에서도 같이 포함되어야 하는 것입니다. 콘텐츠와 솔루션의 경계는 모호해졌지만 효과는 몇 배 이상 높아졌습니다.

디지털 교과서와 스마트러닝

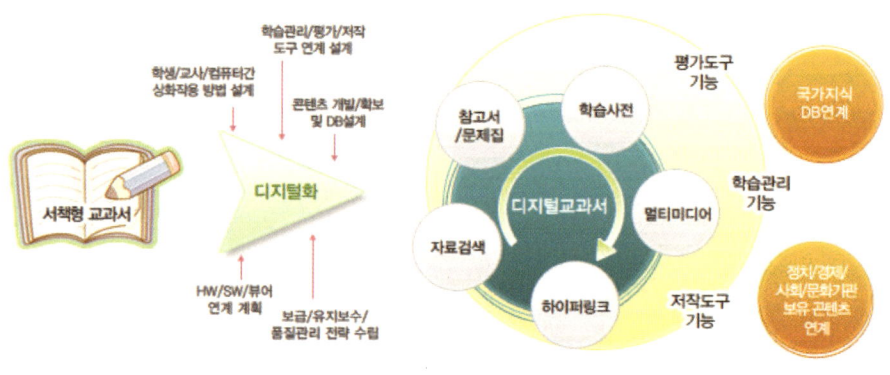

디지털 교과서 개념도 (출처: 교육부)

교육부는 2015년까지 기존 서책형 교과서를 디지털 교과서로 전환한다는 방침을 가지고 추진하고 있습니다. 디지털 교과서가 가지고 있는 특징은 교과 내용을 지원하고 보완할 수 있는 모든 학습자료나 학습도구로서 교과서와 유기적 연결관계를 가지고 상황, 맥락, 주제에 따라 학습자료나 학습도구를 지원하여 자기주도적 수준별 맞춤 통합학습을 지원하는 것입니다. 또 다른 특징은 교과서를 지원하기 위한 스마트 학습환경, 자료 및 도구의 구분 없이 융합되어 학습자 중심의 통합 학습을 지원하는 것입니다. (출처: 스마트교육 콘텐츠 품질관리 및 교수학습 모형 개발 이슈, 2012, KERIS). 결국 서책형 교과서를 근간으로 하여 종합 백화점 식의 기능들을 지원하겠다는 의미로 풀이됩니다.

디지털 교과서 구성도를 살펴보면, 디지털 교과서 콘텐츠와 밀접하게 플랫폼이 존재하는데, 이 플랫폼 안에는 페이지를 보여주거나 메모를 하거나 다른 교과서로 이동하는 기능들이 포함되어 있습니다. 이러한 플랫폼을 기반으로 태블릿이나 데스크탑 등 다양한 단말기에 보여지도록 구성되어 있습니다. 여기에 국가적인 에듀넷(Edunet)의 회원 데이터베이스와 연계하여 평생교육 학습이 이뤄질 수 있도록 배치하였습니다.

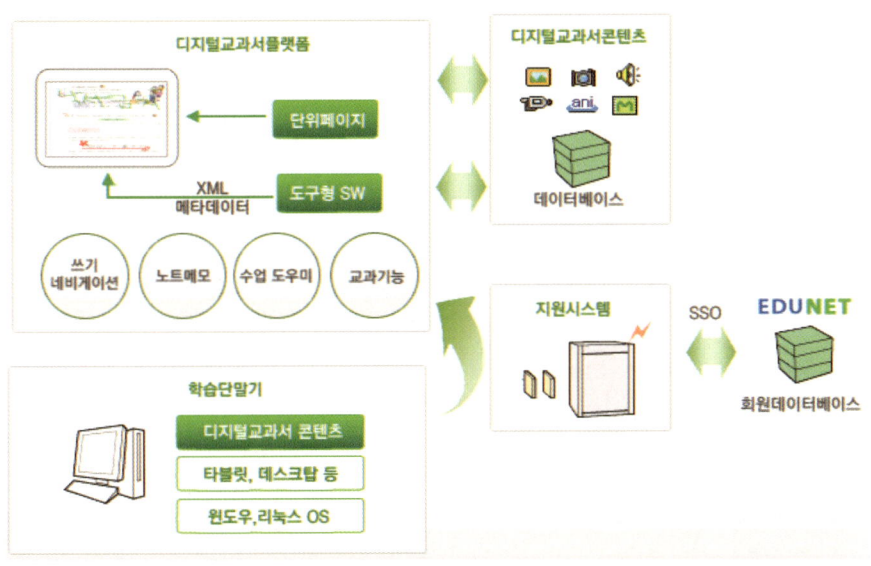

디지털 교과서 구성도 (출처: 교육부)

디지털 교과서 뷰어를 살펴보면, 상단에 학습노트, 쓰기도구, 화면설정, 학습커뮤니티, 바로가기 설정, 학습목록 백업 등의 기능들을 가지고 있습니다. 하단에는 교과서 페이지 썸네일, 페이지 바로가기, 페이지 스크롤 등의 기능을 제공합니다. 콘텐츠를 중심으로 다양한 기능들이 제공되고 있음을 확인할 수 있습니다.

'스마트교육 콘텐츠 품질관리 및 교수학습 모형 개발 이슈'에서 소개한 스마트 교육 콘텐츠 개발 전략들은 아래와 같습니다.

1. 궁금한 내용을 찾을 수 있는 도구

2. 자료를 직접 추출할 수 있는 도구

3. 협력활동 지원 도구

4. 문서를 제작하는데 필요한 도구

5. 교과 내용 습득, 심화 도구

이러한 기능들을 구현하기 때문에 많은 변화를 가져옵니다. 앞으로 콘텐츠 개발 모형을 살펴보면, 학습객체(Learning Object; LO) 단위에서 학습활동객체(Learning Activity Object; LAO)의 개념으로 확대되면서 다양한 리소스를 수용하고 활용하도록 되어 있습니다. 그래서 기존 콘텐츠 개발 방식에서는 학습 동영상, 교안, 이미지 단위의 리소스에서 상호작용에 필요한 퀴즈, 게시판 등이 추가되었습니다.

이렇게 디지털 교과서를 기술적인 접근을 하다 보니 우려하는 목소리도 많이 들립니다. 일선 선생님이 운영하는 스마트러닝 인 액션(Smart Learning in Action; http://slearning.jdssem.com/483)에 보면 디지털 콘텐츠에 대해 선생님 입장에서 바라보는 내용의 글이 올라와 있습니다. 본문에서 디지털 콘텐츠를 그

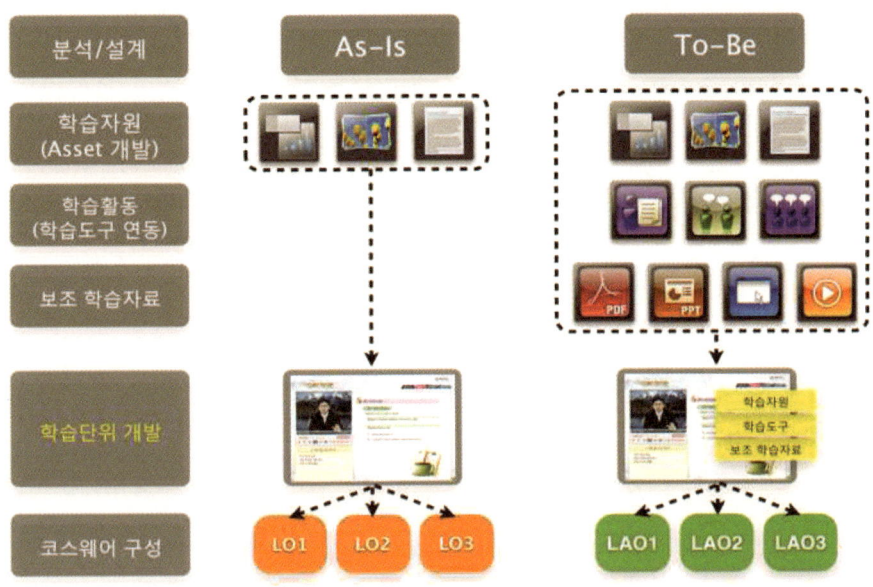

To-Be 콘텐츠 개발 모형 (출처: 스마트 교육 콘텐츠 품질관리 가이드라인 개발을 위한 이슈사항 분석)

대로 보는 그룹이 90%, 복사하거나 인용하는 그룹이 9%, 그리고 창조적으로 만들거나 제작하는 비율이 1% 정도가 된다는 90-9-1법칙에 대해서도 설명하고 있는 거죠. 그러니까, 디지털 교과서는 개발되어 있지만 제대로 활용되지는 않고 있습니다. 이를 창의적으로 잘 활용하기 위해서는 선생님 입장에서 수업에 활용할 수 있어야 한다는 것입니다.

디지털 교과서는 앞에서 언급했던 TED형 콘텐츠보다도 플랫폼과 콘텐츠간의 경계가 더욱 모호합니다. 단순히 콘텐츠만 보고 학습하는 것이 아니라 플랫폼과 연계하여 활용하도록 구성되어 있기 때문입니다. 앞서 인용된 이슈 리포터에서는 디지털 교과서가 추구하는 특징은 참여성, 공유성, 협력성, 접근성을 뽑고 있기 때문에 플랫폼에서 이러한 특징들을 수용하기 위한 기능들을 활용해야 합니다.

스마트러닝으로서의 e-Book

위키피디아는 e-Book을 다음과 같이 정의하고 있습니다.

An electronic book (variously, e-book, ebook, digital book, or even e-edition) is a book-length publication in digital form, consisting of text, images, or both, and produced on, published through, and readable on computers or other electronic devices

(전자책은 디지털 형태의 책출판물로서, 텍스트, 이미지, 또는 텍스트+이미지로 구성되어 제작되었으며, 컴퓨터나 다른 전자 디바이스를 통해 읽을 수 있다.)

역사적으로 보면, 1940년대에 인덱스를 처음 시작한 e-Book은 주로 PDF나 ePub 표준으로 개발되어 있습니다. e-Book 리더(Reader)로는 아마존 킨들로부터 시작하여 Nook, Apple의 아이패드, Sony Reader 등이 있습니다. 그런데 이렇게 다양한 리더들은 국제 표준 ePub을 준용한다고 하지만 제대로 지원하지 못하고 각 사가 나름대로 개발한 포맷을 사용하고 있습니다. 그렇기 때문에 e-Book을 만든 후에 리더(reader)별로 별도의 작업을 해야 하는 현상들이 벌어지고 있어 매우 심각한 문제를 안고 있습니다. 전 세계적으로 전자 도서관에 많은 e-Book을 제공하고 있는 오버드라이브(Overdrive.com) 사이트에 보면 e-Book Readers and Portable Devices라는 페이지에 수십 개의 리더(reader)를 표시하고 이와 호환되는 전자책 형태를 선택할 수 있도록 되어 있습니다.

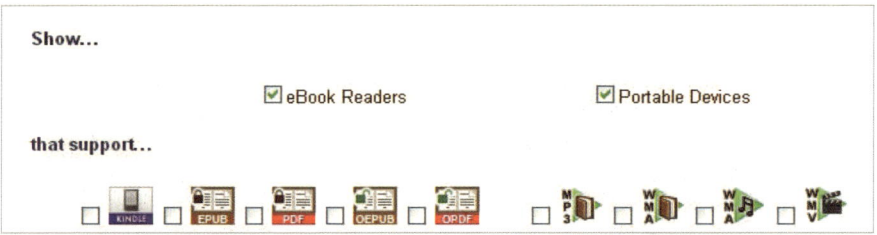

eBook Readers and Portable Devices...

Show...

☑ eBook Readers   ☑ Portable Devices

that support...

Acer Iconia Tab A500

With the OverDrive app for EPUB & MP3 and the Kindle app for Kindle Books.

product page support price on Google Product Search

[+] more information...

Agasio Dropad A8i

With OverDrive Media Console v2.1 (or newer) installed on the device.

product page support price on Google Product Search

[+] more information...

Overdrive의 e-Book Reader 지원 사이트

2012년 2월 현재 미국에서는 아마존의 킨들이 e-Book 시장에서 62% 가량의 점유율을 나타내면서 독보적으로 성장하였고, 태블릿 PC에서는 아이패드가 61%를 차지하며 e-Book 시장의 성장을 돕고 있습니다.

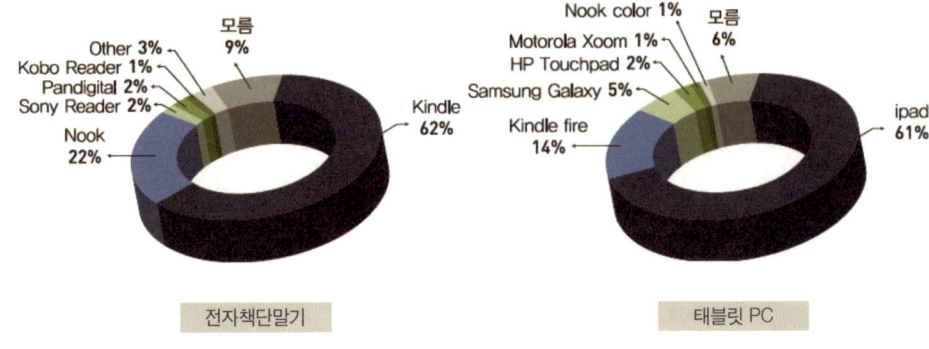

미국 전자책 단말기와 태블릿 PC의 시장 점유율
(출처: 세계 전자책(e-Book) 시장의 현황과 이슈분석, 2012. 10, 한국콘텐츠진흥원)

　아마존의 킨들이나 애플의 아이패드가 e-Book 시장에서 많은 점유율을 보유하고 있는 이유는 아무래도 시장 점유율에 기인한다고 볼 수 있습니다. 아무튼 내가 e-Book을 읽으려 한다면 해당 판매 스토어에서 전용 앱을 설치해야 합니다. 국내만 하더라도 북큐브, 교보문고, olleh, 리브로, Yes24, 인터파크 등 리딩 전자책 쇼핑몰에서 자체적으로 리더를 무료로 제공하고 있습니다.

　e-Book은 휴대성이 높아 아이패드와 같은 단말기 하나만 가지고 있으면 어떠한 형태의 e-Book이라도 전용 앱을 통해 읽을 수 있습니다. 그리고 e-Book을 읽다가 북마크를 할 수도 있고, SNS에 공유할 수도 있습니다. 독자의 취향에 따라 옵션들을 다르게 가져갈 수도 있는데 배경색을 흰색, 또는 검은색으로 바꾸거나 글씨 크기에 변화를 주거나 폰트도 선호하는 모양으로 변경이 가능합니다. 넓거나 조밀하게 줄 간격도 바꿀 수 있습니다. 이러한 여러 가지 장점들 때문에 e-Book을 많이 찾게 되는 것입니다.

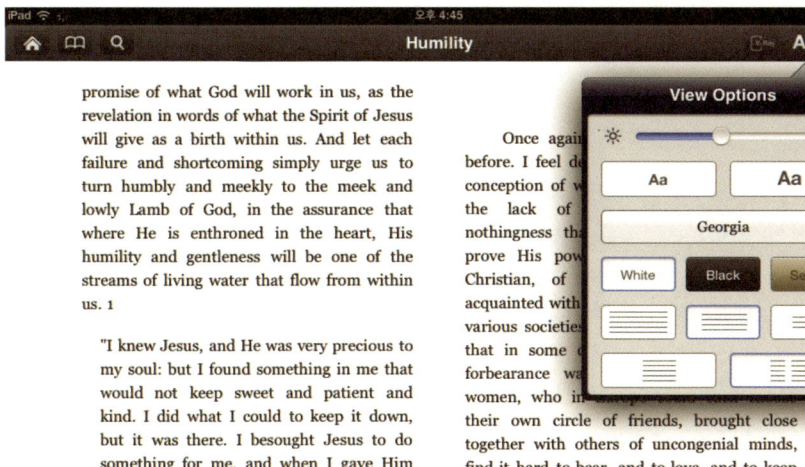

아이패드의 Kindle 전용 앱의 view options

그럼 e-Book의 이익과 장점들은 무엇일까요? 그 내용들을 살펴보면 아래와 같습니다.

1. 구매와 동시에 바로 전달되어 다운로드 되고 곧바로 읽을 수 있다.

2. 종이 생산을 위해 나무를 벌목하지 않아도 되기 때문에 환경을 잘 보존할 수 있다.

3. 특정 정보가 필요할 때 바로 e-Book을 다운로드 해서 찾아볼 수 있다.

4. 기존 책과는 달리 보너스 상품들이 곁들여지거나 저렴하다.

5. 공간을 적게 차지한다.

6. 휴대가 용이하다.

7. 어디에서나 쉽게 읽을 수 있다.

8. 서책형보다 장소의 이동성이 뛰어나다.

9. 링크, 또는 추가 정보에 대한 접근성이 높다.

10. 검색이 가능하다.

11. 상호작용이 가능하며, 오디오, 비디오, 애니메이션을 포함할 수 있어 작가가 원하는 메시지를 증대시킬 수 있다.

12. 인터넷을 통해 전달되므로 포장이나 배송비가 들지 않는다.

13. 출력이 가능하여 전통적인 방식으로 읽고 싶을 때 용이하다.

14. 책 속의 폰트를 사용자의 맘대로 쉽게 조절할 수 있다.

15. 판매나 유통이 쉽다.

16. 구매나 다운로드가 매우 쉽다.

17. 24시간 구매가 가능하다.

18. 많은 사람들이 이미 컴퓨터 앞에서 많은 시간을 보내고 있기 때문에 쉽게 e-Book을 읽을 수 있다.

출처: SuccessConsciousness.com

위의 특징들만 보더라도 왜 e-Book을 선호하는지, 왜 앞으로 발전 가능성이 높은지를 알 수 있습니다.

요즈음에는 독서 방식도 점차 바뀌어가고 있습니다. 오프라인 서점에서 최신 베스트셀러의 트랜드를 살펴본 후에 인터넷 서점에서 할인 받고 e-Book을 주문하여 단말기를 통해 책을 읽는 형태입니다.

e-Book의 현 위치는 스마트러닝을 주도한다기 보다는 스마트러닝 안에서 활용되는 콘텐츠 형태의 하나입니다. 기존의 책보다 편리성이 증대된 상호작용이 가능한 형태라는 것입니다.

클립형 콘텐츠

필자는 2010년 EBS가 나아가야 할 방향에 대한 중장기적 정보전략 (ISP) 프로젝트에 참여한 적이 있습니다. 이때 EBS가 야심차게 준비한 것 중에 하나가 EDRB(Educational Digital Resource Bank)입니다. 이는 EBS가 오랫동안 촬영하고 생산한 영상물을 5분 안팎의 클립형 동영상으로 구성하여 리소스 뱅크를 만들고 원하는 주제를 검색하여 쉽게 원하는 정보를 얻을 수 있도록 한 것입니다. 또 다른 클립형 콘텐츠 중에 학교 교과를 중심으로 시공미디어에서 개발한 아이스크림(i-scream)이 있기는 하지만 서로 비교를 한다면 EBS의 EDRB는 교과 과정에서도 사용할 수 있고 더 확대된 목적에도 사용이 가능하도록 구성되어 있습니다.

스마트러닝 시대에 있어 학습객체(LO)나 학습활동객체(LAO)들은 분절시켜 활용해야 합니다. 이렇게 하는 것은 재사용성을 높이며, 검색을 용이하게 하며, 타 시스템과의 상호운영성에 유리하고, 단위 객체별로 참여와 토론을 만들 수 있고, 다양한 학습 활동을 장려할 수도 있습니다. 앞으로 개발되는 스마트러닝용 콘텐츠는 이와 같이 분절화된 작은 규모의 콘텐츠로 만들어 활용해야 합니다. 이러한 트랜드는 이미 영국의 BBC를 비롯한 글로벌 방송국에서도 추구하고 있습니다.

이렇게 개발된 콘텐츠들은 다양한 코스 구성이 가능하기 때문에 해외 수출에도 적합한 모델입니다. 해외에서 활용할 수 있도록 자막을 지원하거나 조합할 수 있도록 한다면 더할 나위 없이 좋은 제품이 될 것입니다.

EBS의 EDRB (www.edrb.co.kr)

억지 스마트러닝 콘텐츠

전 세계적으로 이러닝을 선도하고 있는 국가는 대한민국입니다. 그렇기 때문에 다양한 형태의 콘텐츠를 개발하려는 시도가 일어났습니다. 또한 유독 교육공학자에 의한 교수설계를 강조하는 것도 해외 다른 나라들과는 다른 접근 방법입니다. 그렇기 때문에 콘텐츠 평가에 있어서도 매우 엄격한 편입니다. 수년 전부터 노동부의 고용보험환급제도는 이러닝 업체들에게 콘텐츠 시장을 확대하고, 시장 규모를 유지시켜주는 긍정적인 면을 가지고 있지만 콘텐츠 자체로만 봐서는 획일적인 교수설계 및 상호작용, 시간 엄수 등과 같은 부정적인 면들을 지닌 것도 사실입니다. 노동부 심사용 콘텐츠는 대부분이 비숫합니다. 창의성이 결여된 공장형 포맷이라고 해도 과언이 아닙니다. 이는 전적으로 평가를 위한 콘텐츠이기 때문입니다. 그런데 스마트러닝으로 넘어오면서 몇 가지 억지를 부려 콘텐츠를 변형시키고 있습니다. 기존 콘텐츠는 플래시를 이용하여 클릭 이벤트나 애니메이션 요소들이 가미되어 화려하게 개발된 사례들이 대부분입니다. 그런데 이러한 플래시 콘텐츠를 HTML5로 새롭게 개발할 수는 없으니 플래시를 해부하여 새롭게 플래시와 같은 효과를 주는 변환 작업을 하는 것입니다. 그런데 이렇게 플래시 기반 콘텐츠를 변환하는 것은 막대한 노동력과 시간을 요구한다는데에 문제가 있습니다. 모 대기업에서 기존에 기업 직무용 콘텐츠가 플래시로 개발되어 있으니 이것을 전부 이러한 방식으로 변환하여 서비스한다고 발표한 적도 있습니다. 현장에서 많은 콘텐츠 개발회사 회사들로부터 들은 바로는 막대한 노가다성 작업으로 인해 한 번 작업하면 두 번 다시 하고 싶지 않다고들 합니다. 이러한 작업을 해서 억지로 스마트러닝용 콘텐츠를 만들지는 말아야겠습니다. 다양한 리소스 자체의 특성을 살리는 것이 스마트러닝에 더욱 효과를 가져올 수 있습니다. 텍스트나 이미지 자체의 효과성이나 동영상 자체의 매력을 그대로 살려두되 그것에 참여하고 함께 공유하며 독려하면서 스마트한 학습이 되도록 해야 합니다.

이러한 억지 콘텐츠는 시도하지 말아야 합니다.

스마트한 콘텐츠 방향과 전략

스마트러닝용 콘텐츠를 잘 활성화시키기 위해서는 어떠한 방향을 고려해야 할까요? 이 고민에 대해 여러 가지 자료를 찾는 중에 제품 마케팅과 관련한 자료를 확인할 수 있었는데 코카콜라의 내부 교육용 UCC입니다. 코카콜라에서는 Content 2020을 만들어 내부 교육 자료로 활용하고 있습니다. 코카콜라는 음료 회사이지만 코카콜라가 지향하는 제품 콘텐츠의 방향은 스마트러닝이 지향하는 방향과 매우 유사합니다. 상품은 달라도 고객은 같기 때문에 동일한 적용이 가능한 것입니다.

이 동영상 안의 상품은 단방향 스토리텔링(One way storytelling)에서 동적 스토리텔링(Dynamic storytelling)을 추구해야 한다고 되어 있습니다. 동적 스토리텔링에 대한 정의는 다음과 같이 내리고 있습니다.

The development of incremental elements of a brand idea that get dispersed systematically across multiple channels of conversation for the purposes of creating a unified and coordinated.
(브랜드 아이디어를 증가할 수 있는 요소들을 발전시키는 것은 대화를 통한 멀티 채널을 활용하고 체계적으로 분산시켜 획일화되고 공동화 된 목표를 달성하도록 한다.)

이를 위해 5단계의 스토리텔링을 시도한다고 되어 있습니다.
1) Serial storytelling: 순차적인 스토리텔링
2) Multi-faced storytelling: 다양한 측면의 스토리텔링
3) Spreadable storytelling: 확산 가능한 스토리텔링
4) Immersion & discovery storytelling: 몰입과 발견 스토리텔링
5) Engagement through storytelling: 스토리텔링을 통한 관계 맺기

이러한 5단계에 맞춘 스토리텔링 방식은 고객이 자연스럽게 코카콜라에 빠져들게 만들기 위한 전략인데, 스마트러닝 콘텐츠도 이와 같은 전략을 가지고

개발할 필요가 있습니다. 위 5단계를 스마트러닝 전략에 맞춰 연결하면 아래와 같이 될 수 있겠습니다.

Coca Cola content 2020 중 Storytelling 전략

1) Serial storytelling (순차적인 스토리텔링): 일반적인 콘텐츠를 순차적으로 제시하여 경험하도록 한다.

2) Multi-faced storytelling (다양한 측면의 스토리텔링): 다양한 환경(장소, 시간 등)에서 콘텐츠를 경험하도록 한다.

3) Spreadable storytelling (확산 가능한 스토리텔링): SNS를 이용해 확산되도록 한다.

4) Immersion & discovery storytelling (몰입과 발견 스토리텔링): 콘텐츠 내용 자체에 몰입하도록 한다.

5) Engagement through storytelling (스토리텔링을 통한 관계 맺기): 학습자 자신을 알릴 수 있는 도구로 스마트러닝용 콘텐츠를 활용한다.

코카콜라 2020 콘텐츠를 좀 더 살펴보면 이러한 상품을 잘 판매하고 관리하는 역할에 대해서 설명하고 있는데 이것을 스마트러닝을 운영하는 서비스 기관 입장에서 살펴본다면 많은 도움이 될 것입니다.

1) Inspire participation amongst the very best (최고 스타를 영입하여 참여를 유도)

2) Connect these creative minds (스타의 마인드를 상품과 연결)

3) Share the results of our efforts (이러한 노력의 결과들 공유)

4) Continue development (지속적으로 상품 개발)

5) Measure success (성공 측정)

Coca Cola content 2020 중 지속적인 콘텐츠 개발 전략

위 5가지 전략들을 스마트러닝과 연결해보면, 아래와 같은 훌륭한 성공 사례들을 만들 수 있습니다.

1) Inspire participation amongst the very best: 스마트러닝을 활용하는 유명 연예인이나 아이돌을 영입한다. (예: 대학원 학습, 음악 관련 학습 등)

2) Connect these creative minds: 영입한 스타와 스마트러닝의 철학을 같이 연결시킨다.

3) Share the results of our efforts: 스마트러닝 운영 기관의 철학과 스타를 연결하고 거기서 일어나는 좋은 결과를 공유하여 확산하도록 한다.

4) Continue development: 지속적인 성공 사례를 발굴한다.

5) Measure success: 성공 사례들이 교육 효과나 콘텐츠 활용, 그리고 사회에 끼친 영향에 대한 성공요소들과 결과치를 측정한다.

코카콜라의 상품 마케팅 전략을 스마트러닝 전략에 매핑해 보면, 참으로 적합한 스마트러닝 콘텐츠 개발 전략과 활용 전략이 나올 수 있습니다.

그럼 스마트러닝에 활용되는 콘텐츠의 완성도와 교육효과를 높이기 위한 센서나 기능들은 무엇이 있을까요? 스마트러닝을 좀 더 잘 활용하기 위해서는 스마트 패드나 스마트폰이 있는 센서, GPS, 기타 통신들을 이용할 필요가 있는데 이러한 것들을 다음 장에서 차근차근 살펴보기로 하겠습니다.

03.
저작도구

HTML5용 저작도구

스마트러닝 시대로 넘어오면서 가장 먼저 해결되어야 할 문제는 다양한 OS 지원과 콘텐츠를 볼 수 있는 브라우저 호환성에 관한 문제였습니다. OS의 경우에는 윈도우, 맥OS, 안드로이드, Linux, Unix등을 골고루 지원하는 것입니다. 브라우저의 경우에는 MS Internet Explorer, Safari, Firefox, Chrome 등과 같은 것들이며 이 브라우저들에서 동영상을 비롯한 콘텐츠가 제대로 보여지도록 해야 하는 것입니다.

이러한 문제를 한번에 해결할 수 있는 것이 HTML5입니다. HTML5는 HTML의 차기 주요 제안 버전으로 월드 와이드 웹의 핵심 마크업 언어입니다. 2004년 6월 Web Hypertext Application Technology Working Group(WHATWG)에서 웹 애플리케이션 1.0이라는 이름으로 세부 명세 작업을 시작하였습니다. HTML5는 HTML 4.01, XHTML 1.0, DOM Level 2 HTML에 대한 차기 표준 제안입니다. HTML5의 목적은 최신 멀티미디어 콘텐츠를 브라우저에서 쉽고 용이하게 보는 것입니다. (출처: 위키피디아. 한국어판)

HTML5의 특징들은 다양한 OS와 브라우저를 지원할 수 있는 방법이기 때문에 최근 개발되는 저작도구들은 퍼블리싱(publishing) 시 HTML5로 나올 수 있도록 하는 기능들을 추가하고 있습니다. 이러한 배경에는 HTML5가 플러그인(plug-in) 없이 동영상이나 오디오를 재생할 수 있기 때문입니다. 동영상이 가장 인기를 누리고 있는 이 시대에 가장 핵심적이며 필요한 기능이라 아니할 수 없습니다.

그럼 스마트러닝을 위한 HTML5 지원 저작도구에 대해 몇 가지 살펴보도록 합시다.

우선 해외 제품들로는 Adobe사가 개발한 제품들 중에 Adobe Edge, Adobe Dreamweaver, Adobe Captivate 와 같은 제품군은 모두 HTML5로 퍼블리싱이 가능하다고 밝히고 있습니다. 이중에서 Captivate는 스마트러닝에 적합하도록 구성되어 있습니다. 기본적으로 UI는 파워포인트에 타임라인을 넣었다고 생각하면 됩니다. 어떻게 보면 플래시 저작도구로 보일 수도 있는데 국내의 비슷한 제품으로는 포씨소프트의 저작도구나 다울소프트의 LectureMaker와 비슷하다고 볼 수 있습니다. 그러나 아직 국내 제품은 HTML5로 퍼블리싱 할 수 없지만 Adobe Captivate는 다른 제품군들과 같이 HTML5로 퍼블리싱이 가능합니다. 기능을 보자면 퍼블리싱을 할 때 선택 버튼에서 HTML5를 지정해주면 간단히 선택됩니다.

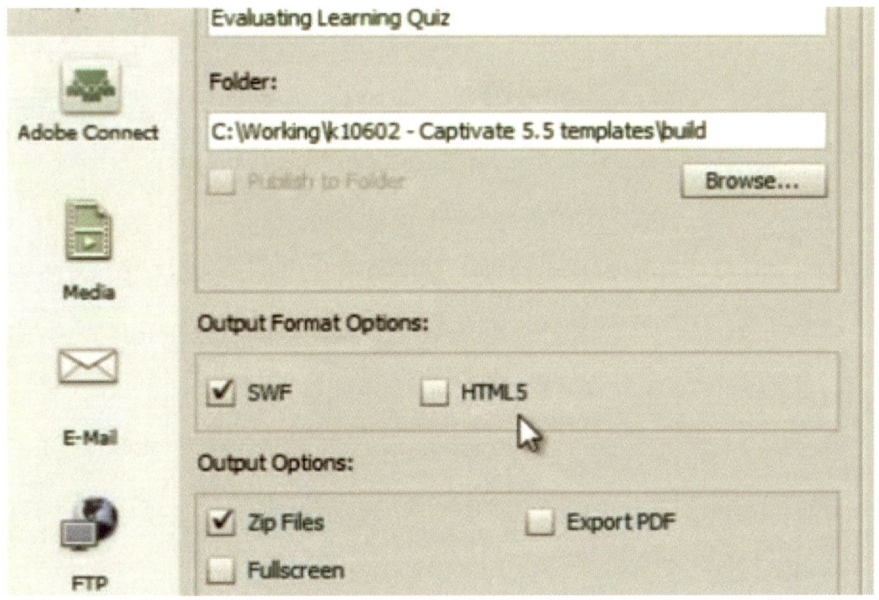

Adobe Captivate의 HTML5 퍼블리싱 기능

퍼블리시를 클릭한 후에는 학습하게 될 디바이스와 해상도를 선택할 수도 있어 학습자들의 환경에 적합하도록 구성하였습니다. 이러한 이유로 이러닝 콘텐츠를 개발하는 해외 전문가들이 이 저작도구를 호평하고 있습니다.

해외의 또 다른 HTML5용 저작도구로는 Trivantis사의 Lectora라는 저작도구가 있습니다. Adobe Captivate는 Adobe사가 가지고 있는 제품의 일괄적인 기능의 형태인 반면에 Lectora는 좀 더 이러닝 전문성과 철학이 보이는 제

품으로 가져갔습니다. 타임라인은 별도로 존재하지 않지만 강력한 마법사의
기능을 통해 1차시 콘텐츠들을 쉽게 구성할 수 있고, 메뉴들을 통해 콘텐츠
내의 메뉴들이나 네비게이션 등을 쉽게 사용할 수 있도록 구성되어 있습니
다. HTML5는 아니지만 그래도 HTML로 퍼블리싱 되도록 하여 웹상에서 바
로 콘텐츠들을 확인할 수 있습니다.

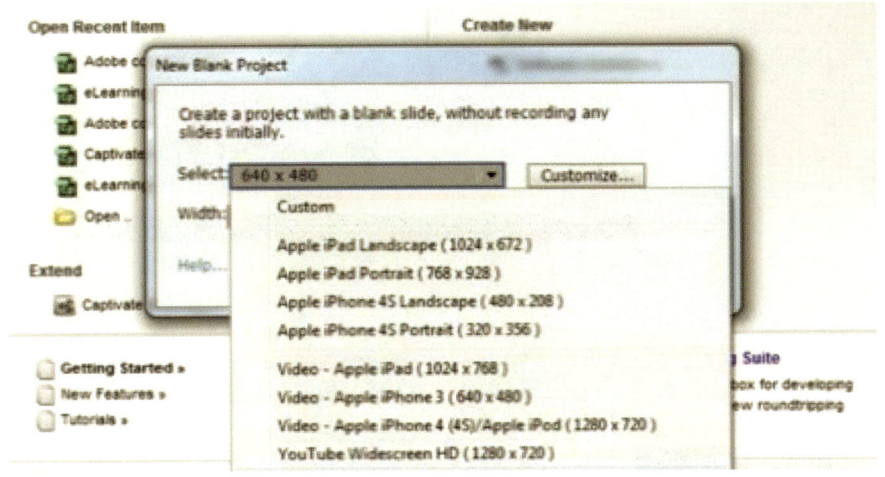

Adobe Captivate의 디바이스 지원 기능

　국내에서는 스마트러닝을 염두에 두고 개발한 것은 아니지만 스마트러닝에
서도 충분히 활용이 가능한 HTML5 저작도구가 있습니다. 인크로스(InCross)
에서 개발한 다빈치(Davinci)라는 제품입니다. 구성은 디자이너, 스튜디오, 그
리고 플러그인으로 구성되어 있습니다. 디자이너 프로그램을 이용하여 파일
의 레이아웃을 형성하고 개발한 후 스튜디오에서 퍼블리싱을 하게 됩니다. 이
렇게 퍼블리싱된 콘텐츠는 모바일 디바이스에서 구동됩니다.

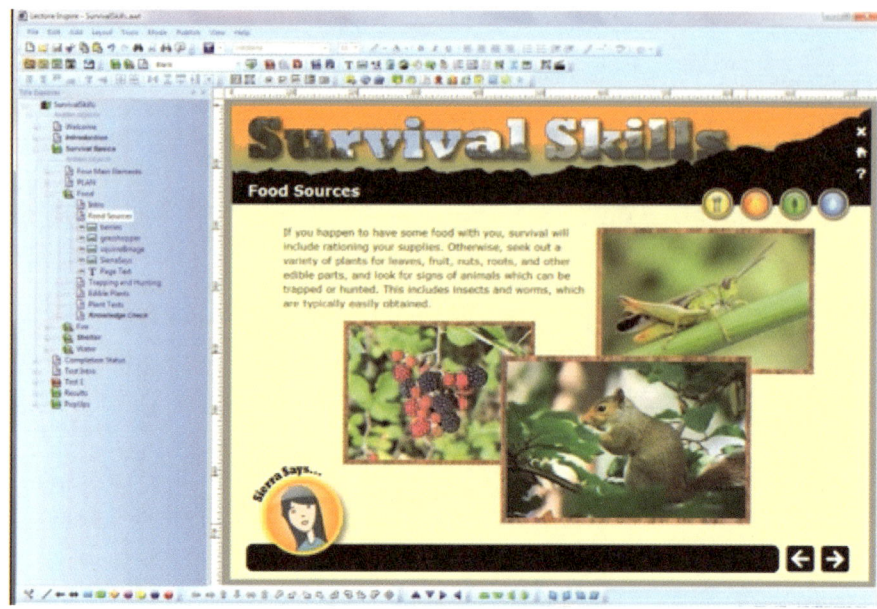

Lectora 화면 (출처: http://lectora.com)

다빈치 제품 구성 개요 (출처: www.davincisdk.com)

나모인터렉티브의 제품들 중에 여러 브라우저를 동시에 지원할 수 있는 에디터와 모바일을 위한 에디터가 출시되어 있습니다. 그렇지만 이러닝을 위한 제품들은 아니고 참고용입니다.

나모 크로스에디터 2 (Namo CrossEditor 2)

* 효율적인 웹 접근성 관리를 위한
  크로스 브라우징 에디터

제품소개 | 구매안내 | 다운로드 | 체험하기

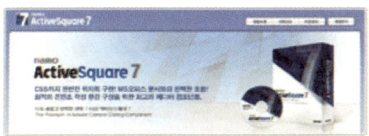

나모 액티브스퀘어 7 (Namo ActiveSquare 7)

* CSS까지 완벽한 위지윅 구현! MS오피스 문서와의 완벽한 호환!
  최적의 콘텐츠 작성 환경 구성을 위한 최고의 에디터 컴포넌트

제품소개 | 구매안내 | 다운로드 | 체험하기

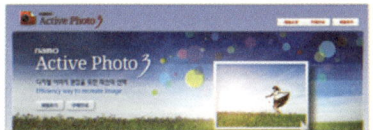

나모 액티브포토 3 (Namo ActivePhoto 3)

* 디지털 이미지 편집을 위한 최선의 선택
  Efficiency way to recreate Image

제품소개 | 구매안내 | 체험하기

나모 이북에디터 1.6 (Namo eBookEditor 1.6)

* WYSIWYG 방식으로 간편해진 ePub 출판
  쉽다! 표준을 따른다! 문서호환 기능으로 재편집도 자유롭게..

제품소개 | 구매안내 | 다운로드

나모 웹에디터 2008 (Namo WebEditor 2008 suite)

* 사용자의 편의를 극대화한 통합 멀티미디어 웹 저작 솔루션

제품소개 | 구매안내 | 다운로드 | 온라인샵

나모의 제품군들 (출처: www.namo.co.kr)

국내 토종 이러닝 저작도구로는 포씨소프트의 Tutor NX와 다울소프트의 LectureMaker가 있습니다. 이 두 개의 제품들은 Adobe Captivate, 그리고 UI와 유사한 기능들을 가지고 있습니다. 그러나 아직까지 HTML5를 지원하는 기능은 없습니다.

LectureMaker 화면(출처: www.daulsoft.co.kr)

OSMU에서 MSMU 저작이 가능한 저작도구

원소스 멀티유즈(One Source Multi-Use; OSMU)란 하나의 소스를 가지고 다양하게 활용한다는 의미입니다. 그러나 OSMU를 넘어서 멀티소스 멀티유즈 (Multi-Source Multi-Use) 개념의 저작도구가 있습니다. 국내에도 지사가 설립되어 있는 Panopto사는 MSMU의 철학을 토대로 저작도구를 개발해서 판매하고 있습니다. Panopto 저작도구는 DV Cam, HDMI, VGA, Webcam, Analog, Mobile 과 같은 다양한 디바이스로부터 소스를 받아 실시간으로 동기화 강좌를 개설하여 운영할 수 있도록 설계되어 있습니다. 이를 고객 환경에 맞도록 웹, 모바일에서 볼 수도 있고 녹화된 강좌를 On Demand 형태로 다시 볼수도 있습니다. 여기에 Web 2.0이 기본적으로 요구하는 공유와 협력학습을 쉽게 진행할 수 있는 장점이 있습니다. 특히, 입력된 소스 동영상을 공유된 사용자가 직접 자를 수 있고 복사할 수 있는 편집 기능이 있습니다.

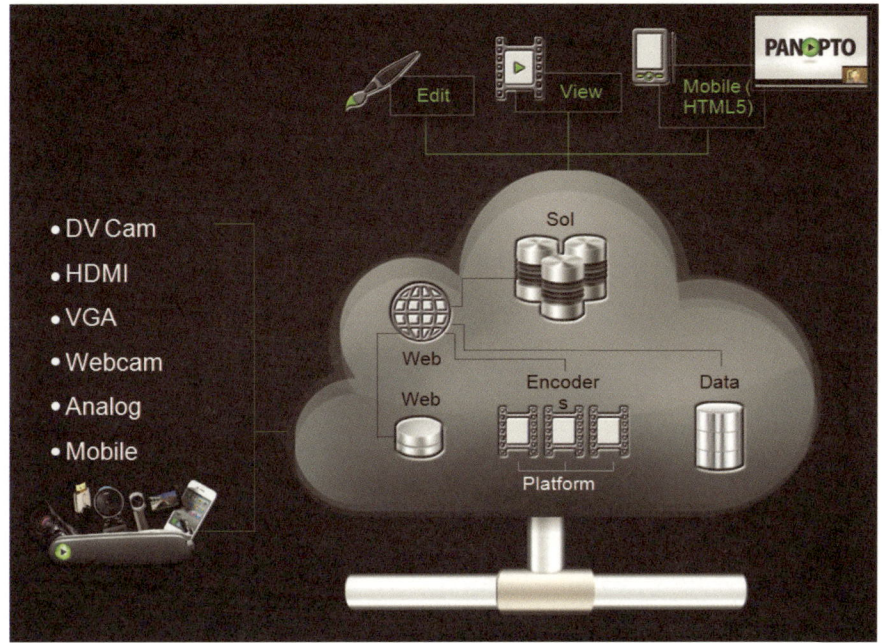

MSMU를 지향하는 Panopto 저작도구

이러한 MSMU 형태의 저작도구는 앞으로도 많이 보급될 것입니다. 사용자들의 뷰(View)를 위해서는 MS의 Silverlight를 활용하기 때문에 별도의 Active X나 다른 프로그램을 설치할 필요가 없습니다. 사용자들의 편의성과 핵심 기술을 통한 운영의 적합성을 추구하고 있는 것입니다. (자세한 정보는 www. panopto.co.kr에서 확인할 수 있고 Trial 버전을 사용하실 수 있습니다.)

저작도구를 마무리하며

이러닝과 스마트러닝에서 저작도구는 빠른 시간 내에 콘텐츠를 개발하여 활용하는 Rapid e-Learning의 도구로 활용되고 있습니다. 이러닝 저작도구와 스마트러닝 저작도구의 차이점은 아무래도 다양한 스마트 디바이스를 지원하는 저작도구가 아닌가 싶습니다. 그래서 HTML5 퍼블리싱이 관건이 되는 것입니다. 스마트러닝 저작도구를 크게 두 가지로 구분해보면, 제품 고유의 기능으로 콘텐츠를 제작하고 이를 퍼블리싱 할 때 HTML5 포맷에 맞춰서 내보내는 형태, 또는 원래 소스 코딩 시 HTML5를 지원하는 태그들을 조합해서 개발하는 형태로 구분할 수 있는데, 스마트러닝에 적합한 저작도구의 형태는 전자가 훨씬 효과적일 것입니다.

또한 저작 방식에 있어서도 두 가지로 구분해보면, 편집화면을 제공하고 그 안에서 위지익(WYSIWYG) 기능을 제공하여 개발하는 형태, 또는 실시간 강의를 통해 동영상을 녹화하여 캡처하고 이를 서버를 통해 사용자들 환경에 맞도록 서비스를 제공하는 형태로 구분할 수 있습니다.

무엇이든지 좋습니다. 그렇지만 억지로 플래시로 개발된 콘텐츠의 소스를 파헤쳐 일명 날코딩하는 인력 투입 중심의 업무만 되지 않는다면 원래의 좋은 취지에 부합되는 학습 효과를 가져올 수 있을 것이며 저작도구도 좋은 취지에 부합되는 공헌을 할 수 있을 것입니다.

스마트러닝용 저작도구에 더 많은 기대를 거는 것은 멀티 소스를 실시간으로 받아 멀티 소스로 전달(delivery)할 수 있다는 것입니다. 스마트러닝에 가장 적합한 미디어 활용 저작도구의 사례가 될 것으로 기대됩니다. 이러한 제품이 이미 판매되고 있고 확산만이 남았기 때문입니다.

04.
디바이스와
디스플레이 장치

스마트폰과 스마트 태블릿

    스마트폰과 스마트 태블릿(이하 스마트폰/태블릿)은 우리 생활을 통째로 바꾸었습니다. 아침에 일어나면서부터 잠자리에 들 때까지 스마트폰/태블릿을 손에서 떼지 않습니다. 2012년 8월 12일자 타임지는 스마트 디바이스가 우리 생활에 미치는 영향을 6개국을 대상으로 조사하고 그 결과를 게재하였습니다.

그 중 우리의 삶의 방식에 가장 많은 영향을 미치는 모바일 디바이스의 특성에 대한 질문에 문자 메시지, 인터넷, 카메라이고 그 다음으로는 GPS 네비게이션, SNS 사용, 게임, 위치기반 광고 순으로 조사되었습니다. 스마트 디바이스가 우리의 삶의 대부분에 활용되고 있음을 알 수 있습니다.

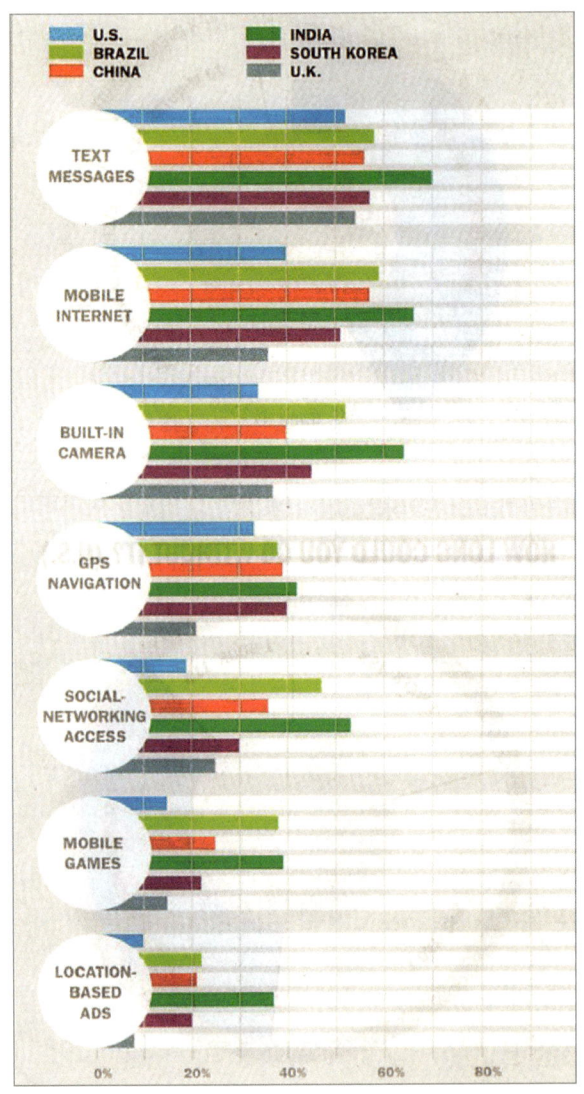

국가별 스마트 디바이스가 생활에 영향을 미친 기능들 (출처: 타임지 2012. 8.12자)

또한 타임지는 스마트폰에서 가장 많이 사용하는 기능과 적게 사용하는 기능의 비율을 국가별로 구분하여 통계를 발표했습니다. 예를 들어, 전화통화에서는 대한민국과 인도가 가장 높았고, 영국이 가장 비율이 낮았습니다. 문자 수신/발신 비율은 인도가 가장 높았고, 미국이 가장 낮았습니다. 대체로 인도가 대부분의 영역에서 가장 높은 비율을 차지하였고 그 다음으로는 중국이 차지했습니다. 반대로 미국은 고른 영역에서 가장 적은 비율을 차지하고 있는 것으로 밝혀졌습니다.

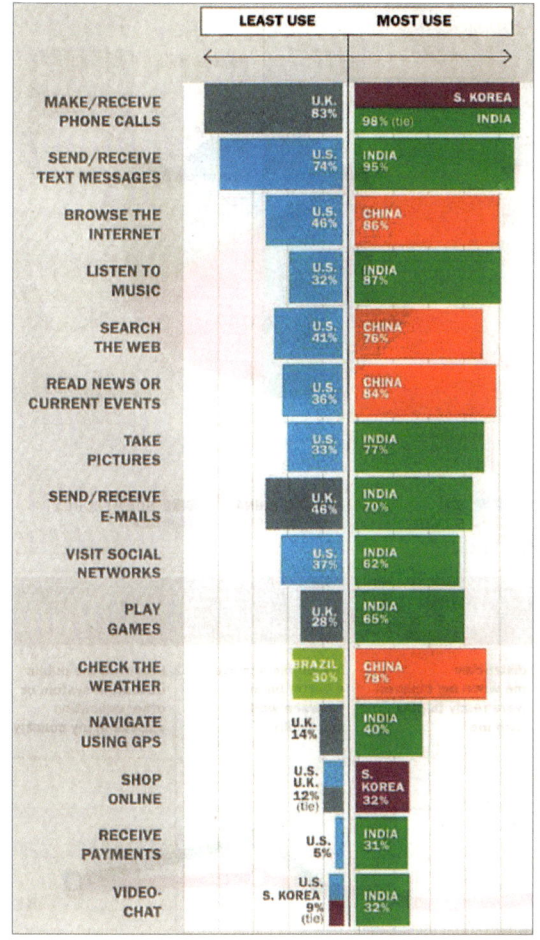

국가별 스마트 디바이스 기능 활용 빈도
(출처: 타임지 2012. 8.12자)

타임지가 소개한 자료에는 아쉽게도 교육에 관한 내용은 찾아보기 어려웠습니다. 스마트폰/태블릿으로 문자, 채팅, 인터넷 등은 많이 활용하지만 학습으로 연계되는 비율은 아주 낮습니다.

위의 통계 결과로 봐서는 스마트폰/태블릿으로 학습하는 것은 효과적이지 못하다는 결론이 나옵니다. 과연 그럴까요?

스마트폰의 크기는 대부분 4~6인치이며, 스마트 태블릿의 크기는 7~10인치입니다. 제조사들은 제품의 특성에 따라 출시 시기를 조절하였고, 이는 곧바로 시장에 반영되었습니다.

연도별 스마트폰/태블릿 출시 현황 (출처: Upside Learning, Learning Technology 2013 발표자료)

또한 노트북, 태블릿, 스마트폰 별로 구분하여 각각 휴대성, 기능성, 유연성, 활용성, 연결성 면에서 조사한 결과 기능성을 제외한 나머지 4개 영역에서 스마트폰이 가장 높게 평가되었습니다. 이는 생활에서 가장 밀접하게 위치해있고 가장 많이 활용되기 때문인 것으로 분석됩니다.

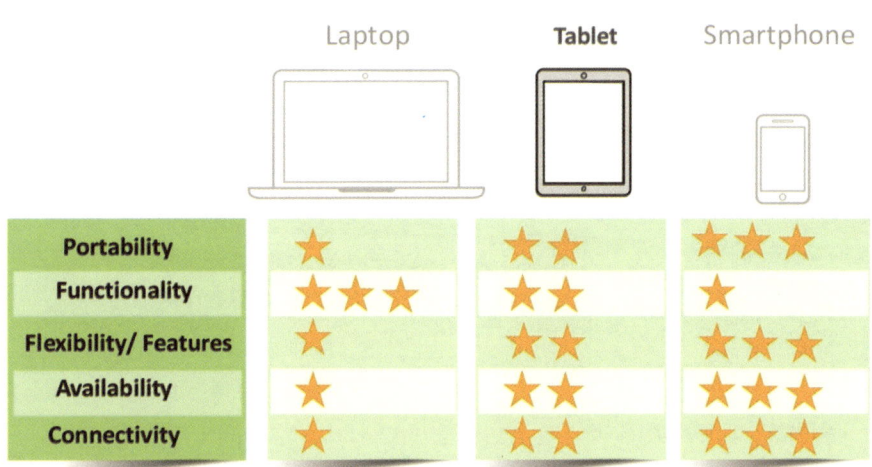

노트북, 태블릿, 스마트폰의 특성들 (출처: Upside Learning, Learning Technology 2013 발표자료)

그럼, 학습에 있어 스마트폰과 스마트 태블릿을 사용하는 용도는 얼마나 다를까요? Upside learning은 아래와 같이 발표했습니다.

배우고자 하는 욕구가 생기는 다섯 가지 순간에 대한 조사에서 스마트폰은 무엇인가를 기억하고자 할 때, 무엇인가 변화가 있을 때, 그리고 무엇인가 잘못되어가고 있을 때 주로 사용하고, 태블릿은 이러한 스마트폰 사용 용도 외에 추가적으로 처음으로 학습할 때, 그리고 좀 더 배우고자 할 때 사용한다.

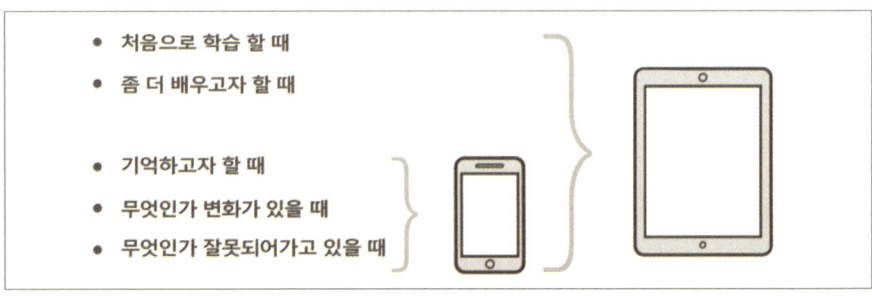

학습욕구가 생기는 다섯 순간 (출처: Upside Learning, Learning Technology 2013 발표자료)

Upside Learning의 창업자 Amit Garg는 아이패드를 활용한 콘텐츠를 디자인할 때 아래와 같은 내용들을 고려해야 한다고 밝혔습니다.

- Relevance(관련성): 아이패드와 LMS와의 연계성 고려

- Embed in Workflow(업무흐름 삽입): 업무와 연결된 내용들 삽입

- Consistency(일관성): 아이패드와 Hybrid 앱 간의 일관성 있는 UI 제공

- Personalization(개인화):개인적 특성 고려

- Offline Usage(오프라인 사용성): 오프라인에서의 사용 고려

- AR/QR code(증강현실/QR 코드): 증강현실이나 QR코드 활용 고려

- Responsive Design(상호작용이 있는 디자인): 콘텐츠와 사용자간의 상호작용 고려

또한 아이패드의 기기 특성을 고려하여 다음과 같은 디자인 요소들을 고려해야 한다고 밝혔습니다.

- Touch(터치): 터치했을 때 나오는 반응이나 움직임 고려

- Fat fingers(굵은 손가락): 성인의 손가락이 굵은 것을 고려하여 클릭버튼을 너무 작게 하지 말아야 함

- Virtual Keyboard(가상 키보드): 가상 키보드가 차지하는 공간까지 고려하는 콘텐츠 및 입력 공간 배치

- Roll overs(롤오버): 롤오버 시 나오는 효과들 고려

- Thumb reach(엄지 손가락 접근): 엄지손가락이 닿는 위치 고려

- landscape vs. Portrait(가로 대 세로 회전): 회전에 따라 보여지는 화면 구성의 차이 고려

- Images(이미지): 너무 무거운 이미지 때문에 로딩이 오래 되지 않도록 고려

- LMS tracking(LMS 트래킹): LMS상에서 학습정보를 추적 가능하도록 구성

- Video(비디오): 스마트폰, 태블릿, 랩탑을 구분하여 비디오 해상도나 용량을 고려

스마트러닝 시 이러한 화면들을 고려해서 디자인을 해야 합니다.

위의 경우는 아이패드를 기준으로 발표한 내용입니다.

안드로이드는 화면 구성에 있어서 더 많은 문제점을 가지고 있습니다. 이러한 문제점에 대한 고려 사항들은 아래와 같습니다.

- 다양한 제조사와 그로 인한 다양한 안드로이드 버전 때문에 콘텐츠 상에서 특이한 기능들이 제대로 동작되지 않는 경우
- 스마트폰과 태블릿의 구분 없이 배경 이미지를 무분별하게 사용하는 경우
- 다양한 크기(7인치, 9인치 10.1인치 등)를 가진 태블릿의 해상도 차이를 지원하기 위한 콘텐츠 개발사들의 한계점
- 너무 짧은 단말기의 제조 및 활용 수명주기
- 작은 스마트폰을 고려하지 않는 멀티윈도우 지원

이 외에도 여러 가지가 나올 수 있겠지만 이 정도만 고려해도 어느 정도 양질의 콘텐츠를 개발할 수 있을 것이라 생각합니다.

스마트 TV

스마트 TV는 connected TV, 또는 hybrid TV라고도 불립니다. 스마트 TV는 internet TV, Web TV, IPTV와 구분해야 합니다. 스마트 TV는 인터넷과 Web 2.0의 기술, 그리고 셋톱박스를 복합 구성해서 TV로 연결하여 구성했습니다. 또한 컴퓨터 기술과 TV/셋톱박스와의 기술적인 융합으로도 구성했습니다. (출처: 위키피디아 영문판 번역)

스마트 TV 시장에는 많은 분야의 업체들이 참여하고 있습니다. TV 제조사는 물론 플랫폼 업체, 콘텐츠를 제공하기 위한 업체들, 온라인 동영상 업체나 게임 콘솔 업체들도 가세하고 있습니다. 이렇게 다양한 분야의 업체들이 북비고 있지만 소문난 잔치에 먹을 것이 없는 격입니다.

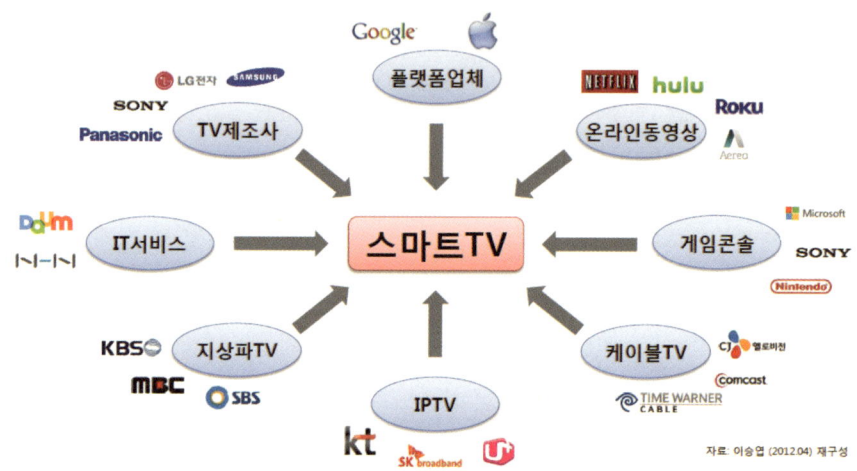

국내 스마트 TV 에코 시스템 (출처: 애틀러스 리서치앤컨설팅, 2012, 9, 스마트 TV 포럼)

스마트 TV를 구분할 때 하드웨어로 구분할 때에는 일체형과 셋톱박스 형태로 구분할 수 있지만, 서비스로서의 스마트 TV를 구분할 때에는 동영상 서비스를 제공하는 것과 TV Apps로 구분할 수 있습니다. 동영상 서비스는 실시간 방송을 내보내거나 On Demand 형태로 내보냅니다. TV App의 경우에는 분야별로, 소셜TV, 커뮤니케이션, 게임, 홈오토메이션 등으로 구분할 수 있습니다. TV app의 경우에는 이 외에도 더 많은 분야로 확대하여 활용할 수 있을 것으로 봅니다.

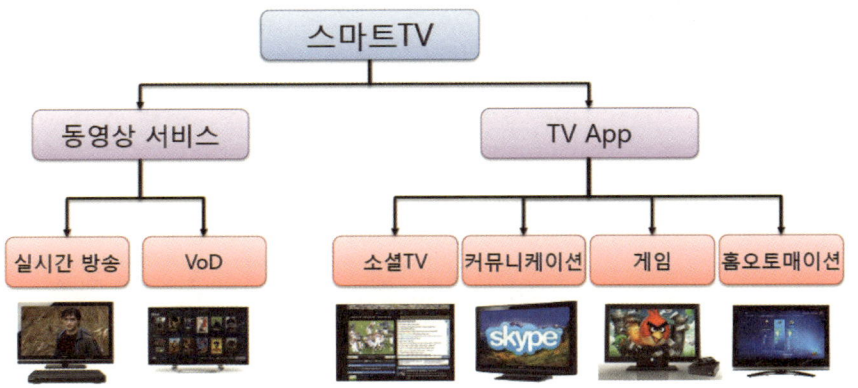

서비스에 따른 스마트 TV 분류 (출처: 애틀러스 리서치앤컨설팅, 2012, 9, 스마트 TV 포럼)

스마트 TV는 주변기기를 활용하여 같이 이용할 수 있는 것이 큰 특징입니다. 스마트폰이나 태블릿의 경우에는 스마트 TV를 조작하는 리모콘으로 사용이 가능합니다. 이는 TV의 불편한 입력방식을 보완할 수 있습니다. 또한 스마트폰이나 게임에서 컨트롤러를 이용하여 스마트 TV화면을 제 2의 스크린으로 활용하고 있습니다. Allshare와 같은 기술 활용이 가능하기 때문입니다. 즉, 스마트 TV 자체를 홈오토메이션을 위해 활용할 수 있습니다.

삼성이나 LG의 경우 스마트 TV를 일체형이나 셋톱박스 형태로 출시하여 판매하고 있습니다. 그 스마트 TV 안의 다양한 채널들 가운데 교육 채널을 보면 아직까지는 다양한 콘텐츠들을 확보하지 못하고 있습니다. 스마트 TV용 LG Smart Upgrader 같은 경우에는 리모콘에 자이로(Gyro) 기능을 이용한 마우스를 채택하여 사용자들의 편리성을 도모하였지만 하드웨어 구성이 다소 약한 것이 흠입니다.

스마트러닝의 여러 채널들 중 교육채널

교육 분야뿐만 아니라 스마트 TV의 장벽은 제조사의 셋톱박스에 있는 것 같습니다. 셋톱박스 제조사의 의도에 따라 채널들이 정해지고 제조사들이 직접 앱을 올리는 폐쇄형의 운영 방식입니다. 모든 분야에서 스마트 TV가 활성화되려면 오픈 마켓의 형태로 운영하는 것이 바람직합니다.

스마트 TV를 스마트러닝으로 활용할 수 있는 방안들은 무엇이 있을까요? 활용 가능한 영역들을 정리하면 아래와 같이 생각해볼 수 있습니다.

1) Skype 앱을 이용한 화상영어, 또는 화상 회의

2) 상호작용을 이용한 영어 콘텐츠 학습

3) 스마트폰이나 태블릿의 콘텐츠의 화면 공유를 이용한 일반 학습용 앱 활용

4) TED의 동영상 콘텐츠 학습

5) Youtube의 동영상 공유 및 SNS 활용

이와 같이 스마트 TV를 이용하여 학습을 할 수 있는 방안들을 제시해보았습니다. 그러나 아직 스마트 TV를 사용하는 것이 불편하기 때문에 기존 PC

나 스마트폰을 활용하는 것이 더 수월할 수도 있습니다.

실생활에서 스마트 TV의 활용성은 여전히 의문을 남깁니다. 왜냐하면 아직까지 스마트 TV의 사용은 영화 관람하기, 동영상 보기 등에 국한되기 때문입니다. 스마트 TV의 활용성 문제를 해결할만한 속 시원한 방안은 무엇일까요?

어느 블로그에 "Why Educators Must Have a Samsung SMART TV"란 제목이 눈길을 끌었습니다. 여기에서 제시하는 내용으로 어떻게 스마트 TV를 교육에 활용할지 고민해보도록 합시다.

스마트 TV는 현대의 칠판으로 활용할 수 있어서 학습자들을 쉽게 몰입할 수 있게 하고 재미 있게 만들 수 있다. 스마트 TV를 이용하여 학생들에게 유튜브의 비디오와 다큐멘터리를 보여주기도 하고 유용한 웹사이트를 보여주기도 한다. 게다가 상호작용이 가능한 교육용 앱들이 있어서 활용할 수도 있다. 예를 들어 지리나 역사 시간에는 구글맵(Google Map)을 이용하기도 하고 천문학 시간에도 지구나 다른 행성의 표면을 보여주기도 한다. 때로는 다양한 교육용 게임을 학생들과 같이 하기도 한다.

위 내용은 블로그에 올린 내용을 간략하게 정리한 것인데 일선 학교에서 이런 방법을 활용하는 것이 가능하리라 봅니다.

HMD

HMD는 Head-Mounted Display, 또는 Helmet Mounted Display라고 합니다. HMD는 머리에 착용하거나 헬멧의 일부로 활용되어 한쪽 눈(단안 형태)

이나 양쪽 눈(양안 형태)에 상(image)을 비치게 하여 컴퓨터의 화면이 작은 유리 화면 안에 보여지는 디바이스를 말합니다. 보통 작은 디스플레이가 보여지기도 하지만 반투사(semi-transparent) 유리가 삽입된 형식이나, eye-glasses (data glasses)의 형태가 되기도 합니다.

그럼 HMD는 어디에 사용될 수 있을까요?
그리고 HMD를 어떻게 사용하는 것이 가장 현실적인 활용이 될까요?

최근 들어 가장 혁신적인 HMD는 Google의 Project Glass가 아닌가 합니다. Project Glass는 구글이 개발한 증강현실형 HMD입니다. Project Glass는 스마트폰과는 달리 손을 사용하지 않고 핸드프리하게 정보를 디스플레이하고 자연어 음성 명령을 이용해서 인터넷과 상호작용을 합니다.

유튜브에 소개된 Project Glass의 데모 동영상을 보면 그 기능을 실감할 수 있습니다. 일어나면서부터 자동으로 현재 지역의 위치를 인식하여 온도를 알려주고 음성 인식을 통해 메일 확인이나 메일 체크가 HMD에 나타납니다. 길거리를 걸으며 벽에 붙은 화보를 보면서 바로 공연 예약을 하고 서점에 도착해서도 서점에서 제공하는 도서 배치 정보를 이용해 원하는 책의 위치를 찾을 수 있습니다. 그리고 근처에 있는 친구의 위치를 파악하여 차를 한잔 마시기도 하고, 여자 친구에게 실시간 화상 통신을 통해 자신의 음악을 뽐내기도 합니다. 마치 미래에나 나옴직한 일들이 현재 벌어지고 있습니다. HMD에 부착된 카메라를 통해 많은 사람들이 동시에 여러 화면들을 손의 조작이나 다른 특별한 조작 없이 볼 수 있고 이 화면들은 자동으로 저장되기도 합니다. 대부분 스마트폰이 가지고 있는 기능들을 다 구현할 수도 있고, 어떤 기능은 더 쉽게 동작하기도 합니다.

Google의 Project Glass 데모 화면

위에 나타난 Project Glass는 일상 생활을 중심으로 전개되었습니다. 구글은 이외에도 실제로 현업에 있는 전문가들이 Project Glass를 착용하고 업무에 활용하는 UCC를 같이 제공하고 있습니다. 강사나 학생들이 이 Project Glass를 착용하고 수업을 한다면 얼마나 재미있을까요?

선생님은 교실에서 원하는 자료를 음성인식을 통해 검색하고 이를 학생들에게 전송한다. 학생들은 받은 자료를 HMD를 통해 확인하고 선생님에게 즉각적으로 반응을 하기도 한다. 음악 시간에는 학생들이 HMD에 탑재된 마이크를 이용해 합창을 하고 이 음원은 자동으로 서버에 전송되어 평가를 하거나 반별 합창대회 자료로 활용되기도 한다. 야외로 소풍을 나갔을 때에는 더욱 더 영향력을 발휘할 것이다. 경주 불국사에 갔을 때 불국사에 관한 자료들을 선생님이 실시간 전송하여 학생들에게 자료를 공유하고 학생들은 증강현실과 같이 보기 때문에 더욱 실제감을 느낄 것이다. 만약에 아파서 같이 소풍을 가지 못한 급우에게는 불국사에서 배운 내용을 전송하거나 실제로 자기가 보고 있는 화면을 공유하여 같이 소풍을 간듯한 느낌을 받도록 하는 것이다.

이것이 Project Glass를 이용한 스마트러닝의 한 예가 아닐까요?

위와 같은 상상은 이제 Project Glass가 개발되었기 때문에 더 이상 상상이 아닐 것입니다. 2013년도에는 Google Glass Explorer Edition 제품이 약 1,500 달러에 판매될 것이라고 뉴욕타임즈가 보도한 것을 보면 조만간 우리 곁에 나타날 것입니다. 기대가 되지 않나요?

HMD는 스마트폰/태블릿보다 더 많은 특장점을 가지고 있습니다. 손을 쓰지 않아도 쉽게 동작이 되며, 음성 인식을 통해 모든 명령 처리가 가능합니다. 통신사의 도움을 받아 실시간 영상 처리도 할 수 있고, 공유도 가능해집니다. HMD가 스마트러닝에서 활발하게 상용될 날이 그리 멀지 않았습니다. 산업이나 특수 목적으로만 사용되었던 HMD가 이제 생활 속에 깊숙이 들어왔으며, 교육 현장에도 깊이 파고들 것으로 예상됩니다. 이러한 종류의 HMD 시장이 생기면서 유사 제품들도 속속 등장할 것입니다.

전자칠판

이러닝 관련 전시회에 방문해보면 빠지지 않는 제품군 중의 하나가 전자칠판입니다. 전자칠판은 컴퓨터의 화면을 칠판 형태로 보여주는 디스플레이의 일종으로 보여지는 기능에서 발전하여 센서를 통한 상호작용이 가능합니다. 칠판에 강의 내용을 쓰기도 하고, 컴퓨터 자료를 보여주기도 하며, 선생님이 문제를 출제하면 학생들이 출제한 답을 칠판에 보여주며 토론할 수도 있습니다. 전자칠판의 크기도 점점 크게 발전하고 있습니다. 50인치부터 200인치까지 다양한 크기의 전자칠판이 등장했습니다. 이러한 크기 때문에 발생할 수

있는 어려움을 극복하기 위해 기존 칠판 옆에 센서를 붙여서 사용하는 전자
칠판도 이미 등장하여 여러 나라에 수출한 사례도 있습니다. 또한 종이에 기
록하면 그 내용이 그대로 칠판에 보여지는 종이와 전자칠판의 융합 기술을
활용한 전자칠판도 등장했습니다.

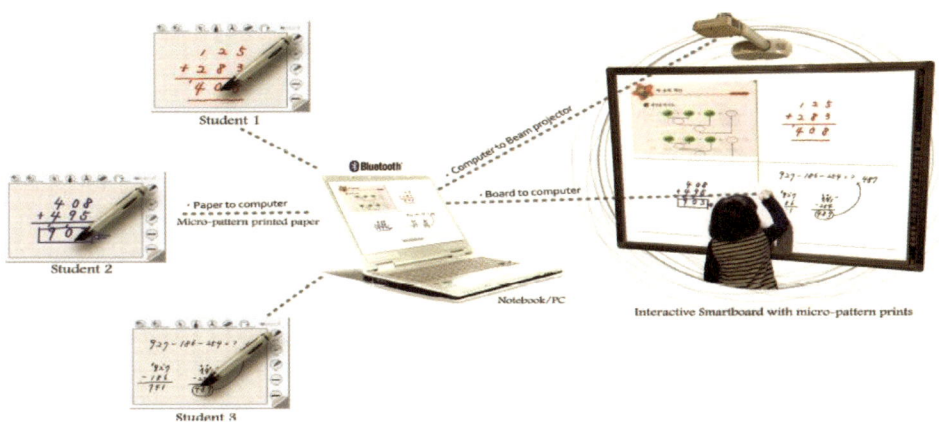

종이와 전자칠판의 융합 사례 (출처: 펜앤랩(PenLab))

전자칠판은 정부의 스마트스쿨 정책에 힘입어 국내는 물론 해외에서도 보
급 속도가 무서울 정도로 빠릅니다. 유럽의 경우 전자칠판의 보급률을 스마
트스쿨의 척도로 계산할 만큼 전자칠판은 마케팅에 있어서도 유리한 종목입
니다.

그럼 스마트러닝에서는 전자칠판을 어떠한 용도로 활용할 수 있을까요?

일반적인 전자칠판의 기능은 대부분 알고 있다 믿고 스마트러닝 차원에서
의 전자칠판 기능만 살펴보기로 하겠습니다.
우선, 전자칠판을 제대로 활용하려면 상호작용을 이용해야 합니다. 선생님

들이 준비한 자료를 보여주는 것도 좋지만 학생들이 좀 더 집중하게 할 수 있는 것은 상호작용을 통한 학습 방법일 것입니다. 예를 들어, 선생님이 문제를 제시하고 학생들은 전자칠판을 이용하여 풀거나 선생님과 학생들이 게임을 같이 진행하는 상호작용을 통한 학습방법이 가능합니다.

실시간 화상 수업을 진행하는 것도 좋은 예가 됩니다. IVECA(www.iveca.org)는 비영리단체로서 미국, 또는 제 3국의 학생들과 문화를 교류할 수 있는 커리큘럼과 운영방식을 가지고 있습니다. 한국의 학급과 미국의 학급이 실시간으로, 또는 비실시간으로 서로의 의견을 교류하며 수업을 진행할 수 있습니다. 이때 활용할 수 있는 것이 전자칠판이 될 것입니다. 이러한 방식의 수업 진행은 유학을 가지 않고도 현지 학생들과 문화를 교류할 수 있는 효과적인 방법이라고 볼 수 있습니다.

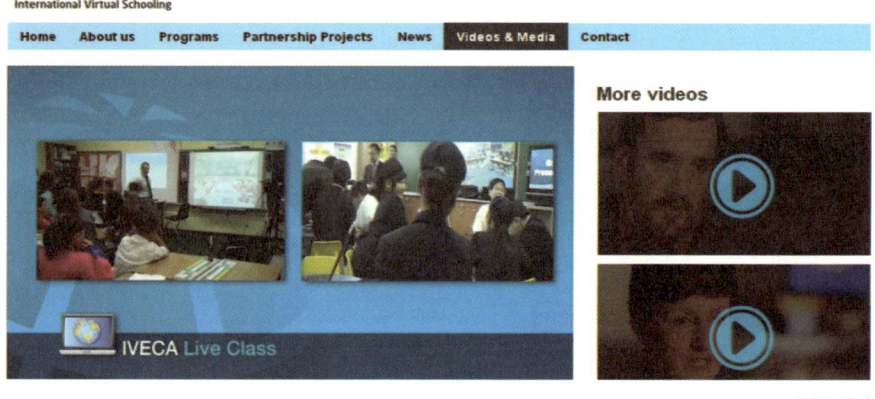

IVECA 사례

그 외에도 선생님이 전자 칠판을 통해 많은 창작물을 보여주고 수업을 한다면 더욱 많은 효과가 있을 것입니다.

05.
센서들

그 옷 참 멋있다!

이건 컴퓨터야.

   스마트 디바이스를 이용해 콘텐츠 학습을 하는 것은 큰 의미가 있습니다. 그러나 디바이스에 탑재된 센서를 이용하여 다각적인 학습을 한다면 학습 효과는 몇 배로 커질 수 있을 겁니다. 그런 측면에서 스마트 디바이스에 탑재되어 있는 센서와 센서 활용에 대해 살펴보는 것은 의미가 있습니다.

   스마트폰 센서들로는 주변 조명 센서, 근접 센서, 가속 센서, 자이로스코프(평형 센서), 자력계(magnetometer)가 있습니다. 그리고 모션 센서들은 가속 기능, 평형 기능, 3축 자력 기능(magnetometer), 압력 센서 등이 있습니다.

스마트폰의 센서들도 변해가고 있습니다. 기존의 가속 센서, 자력계 센서, 자이로 센서는 기초적인 기능면에서 모션 특징, 문장 인식, 개인 건강 및 맞춤처럼 구체적으로 활용 대상이나 목적을 염두에 두고 세분화한 것을 볼 수 있습니다. 실제로 이러한 센서들이 다 필요할까 싶을 정도로 여러 센서들의 활용 가능성이 높게 평가되고 있습니다.

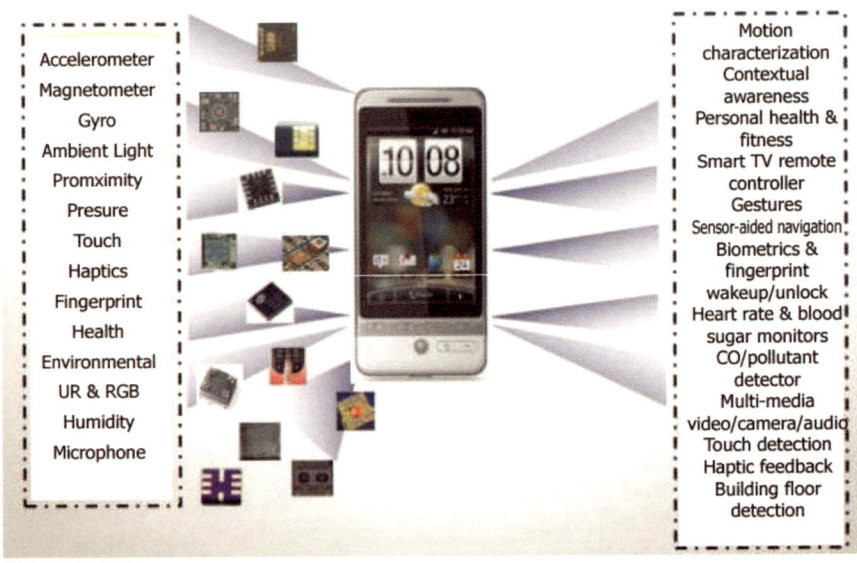

스마트폰의 센서 트랜드 (출처: Dr. Sergey Y. Yurish, 2012. 8, sensorsportal.com)

Sergey Y. Yurish 박사는 아래의 다양한 센서들을 스마트폰과 같이 활용하는 사례들을 발표하였습니다.

- iCelsius RH 온도 센서: -40도 ~ 120도, 오차범위: 0.5도

- Sensordrone: 가스 측정을 위한 13가지 센서들

- Sensorex: pH 측정기

- MIT: 안드로이드를 위한 UV(자외선) 측정기

- iBGStar: 아이폰을 위한 혈당 측정 센서

• Gizmode: 스마트폰을 위한 화학센서들(일산화탄소, 염소, 암모니아, 메타, 혈당 등)

여러 센서들 중에서 특이한 것은 입는 센서들(Wearable Sensors)입니다. 옷처럼 입으면서 체온, 3축 가속기, 알콜, 호흡 등 다양한 것들을 측정할 수 있습니다. 이러한 웨어러블 센서들을 이용하여 건강 측정에 활용할 수 있습니다.

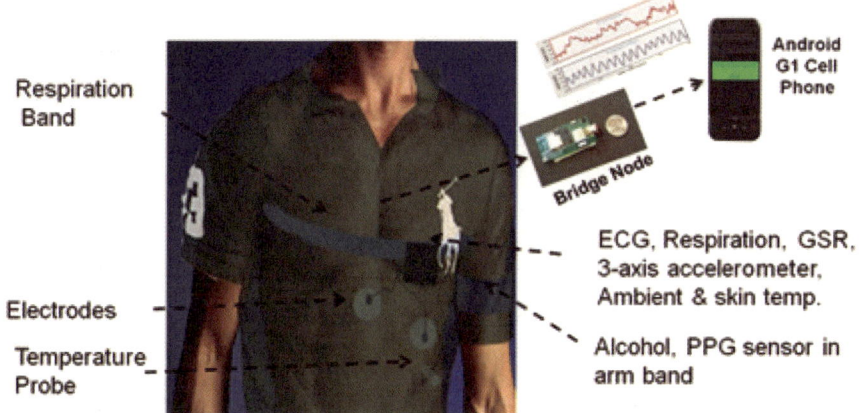

착용하는 센서 (출처: Dr. Sergey Y. Yurish, 2012, 8, sensorsportal.com)

이런 다양한 센서들 가운데에서 스마트러닝에 필요한 센서들은 무엇일까요?

먼저 센서를 활용하는 회사들을 살펴보고 그 회사에서 활용하는 방법들을 살펴봅시다.

전세계적으로 유명한 레고(Lego)는 교육용 센서들을 개발하여 초등학교부터 대학교, 홈스쿨링까지 보급하고 있습니다. 레고는 자이로 센서, 터치 센서, 적외선 센서, 온도 센서, 색상 센서처럼 다양한 센서들을 개발하여 레고와 접목하여 활용하고 있습니다. 예를 들어, 학습자들의 터치나 움직임을 감지하는 센서들을 이용하여 학습자들의 활동과 반응을 파악합니다. 색상 센서를 이용해서 학생들이 구성한 레고 작품들 중에 빠진 색상은 없는지 색상별로 맞게 구성했는지를 파악합니다. 이러한 센서개발기술을 스마트폰과 접목할 수 있다는 측면에서 스마트러닝 활용성을 크게 기대할 수 있습니다.

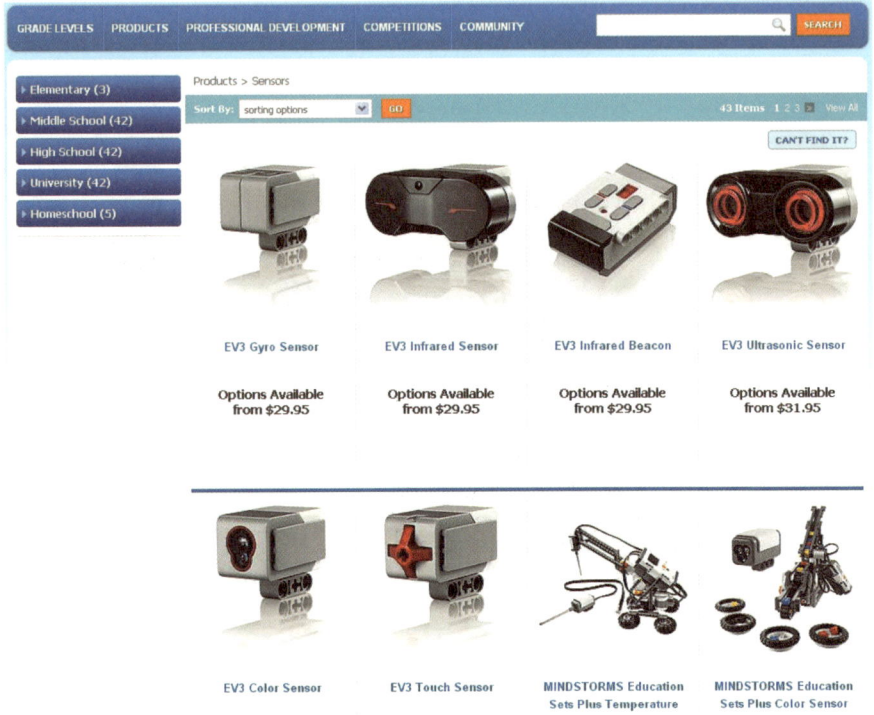

레고 교육(www.legoeducation.us)

필자는 수년 전 원천기술 과제 중 감성기반 학습과 관련된 R&D 과제에서 감성을 측정하기 위한 3년 과제를 수행한 적이 있었는데 이때 뇌파를 이용하여 졸림, 집중력 등을 디지털 수치로 변환하여 센서로 측정했습니다. 이 과제에서는 수시로 변하는 학습자들의 환경과 상황을 여러 센서로 감지하고 감지한 결과에 따라 적합한 콘텐츠를 제시하거나 학습 환경을 변경하도록 제안했었습니다.

이렇게 감성을 대상으로 한 과제에서 학생들의 움직임과 뇌파, 그리고 온도 센서를 활용한 사례가 있습니다.

아직까지는 스마트러닝에서 적극적으로 적절하게 그리고 제대로 센서를 활용한 사례를 찾는 것이 쉽지는 않습니다. 그 이유는 센서의 정확도도 문제이지만 센서를 어떻게 사용해야 할지 아직 결정하지 못했기 때문입니다. 스마트러닝에서 아직 센서가 차지하는 비율이 높지 않다는 것을 말해주고 있는 것입니다.

06.
코드
및 태그

QR 코드

수퍼마켓에서 물건을 살 때 주로 사용하는 바코드는 20자리 정도까지만 담을 수 있어 용량이 극히 작다는 단점이 있습니다. 그래서 QR 코드가 등장했습니다. QR 코드는 숫자만 7,089자, 한자나 한글은 최대 1,817자까지 담을 수 있습니다. 대부분의 QR 코드는 여러 가지 형태의 정보들을 담을 수 있고, 웹

사이트 URL, vCard, 100 문자, 전화번호, 전화번호, SMS, 이메일 주소 등에 QR 코드가 활용되고 있습니다.

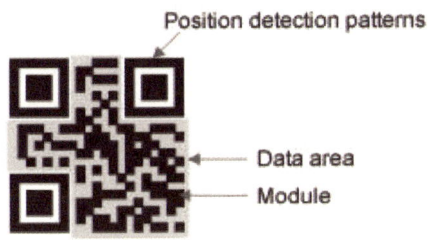

QR 코드 구조

QR 코드를 일반 학교나 업무에서 어떻게 활용할 수 있는지 알아보도록 하겠습니다.

동기유발

학생들이 교실에 입장하기 전에 QR코드를 교실 문 앞에 제시하고 스마트폰을 이용하여 지정한 사이트에 방문하도록 합니다. 사이트는 학습 동기유발을 위한 유튜브 동영상이나 TED의 동영상 같은 것들을 활용합니다. 이런 방법을 사용할 경우 학생들은 호기심을 가질 수 있고, 효과적인 학습 몰입을 가져올 수 있습니다.

다이나믹한 프리젠테이션

강의 시간에 사용하는 슬라이드 중간 중간에 QR 코드를 삽입하고 주제와 관련된 내용들을 청중들이 QR 코드를 가지고 스캔하여 직접 볼 수 있게 합니다. 이 경우에도 마찬가지로 강의 시간에 청중들의 집중력을 강화시킬 수 있는 방안이 됩니다.

- **토론 활용**: 학생들에게 토론주제가 포함된 포럼 주제를 제시하고 이에 대한 질문을 하도록 한다. 토론 이후에 QR 코드를 이용하여 학습과제가 연결된 링크를 활용하도록 한다.
- **QR 챌린지**: 학생들을 몇 개의 팀으로 나누어 QR 코드로 질문을 만들게 한 후 다른 팀원들이 이에 대한 답변을 하도록 하는 Activity로 활용할 수 있다.
- **QR Debate**: 각 교실문 밖에 QR 코드를 이용하여 토론 주제를 제시하고 각 학급별로 주제 토론 후 서로 Debate를 한다.

위에서 언급한 세 가지는 학교에서 QR 코드를 이용하여 활용할 수 있는 예제들입니다.

학교 교육 관련 사이트 Edutopia.org에서는 QR 코드를 활용할 수 있는 12가지 아이디어를 제시하였기에 소개합니다.

1. **21세기 이력서 작성**: QR 코드를 이용하여 자기 이력서를 링크하여 제시할 수 있다.
2. **샘플 작업**: 파워포인트나 슬라이드쉐어(slideshare) 자료를 링크 걸어 샘플을 제시하고 품질을 평가 받을 수 있다.
3. **서비스 제공**: QR 코드와 문제기반 학습(PBL) 과제를 혼합하여 개발한 콘텐츠를 링크하여 활용하고 참여한다.
4. **교실을 그린(Green)화**: 학습에 필요한 프린트물을 없애고 교실을 그린화 한다.
5. **장려 및 칭송 방안**: 특정한 일에 두각을 나타내거나 우수한 학생들을 대상으로 QR 코드로 배지를 만들어 수상내역이나 칭송의 글을 새기고 나눠주어 활용한다.
6. **학습 정거장 구축**: 방 안에 여러 개의 코드를 배치하여 토론한다.
7. **정답 및 반응 체크**: 시험 후 QR 코드를 스캔하여 정답을 확인한다.

8. **추가 수행물 제시**: 학생들이 추가 보완 학습을 하기 위한 방법으로 QR 코드를 활용하여 추가 학습자료를 제시한다.

9. **검색결과 엮기**: 학생들이 검색한 결과들을 코드화하고 이를 통해 검색 방법이나 과정들을 학습한다.

10. **상호작용이 있는 연구실 또는 해부**: 실험실에서 골격에 관한 모델이나 해부한 돼지에 QR 코드를 부착하여 올바른 학습 방향이나 콘텐츠를 유도한다.

11. **학습 차별화**: 학생들에게 시를 읽게 한 이후에 코드를 제시하여 다른 방향의 분석들과 질문들을 제시하여 학습한다.

12. **출결**: 학생들이 교실에 입장하거나 나갈 때 간단히 출결 확인을 한다.

위 예제들을 볼 때 교사들이나 기획자의 생각에 따라 얼마든지 QR 코드를 학습에 활용할 수 있습니다. 단면적이고 정적인 학습에서 다차원적이고 다이나믹한 학습으로 변환 할 수 있습니다. 이렇게 코드를 이용한 학습도 스마트러닝의 일부로 활용 가능합니다.

이와 비슷하지만 마이크로소프트(MS)에서 바코드는 스캐너로 읽는 것이라는 개념을 바꾼 스마트 태그를 소개했습니다. 이 스마트태그는 스마트폰에 태그를 읽는 앱을 설치해서 QR 코드처럼 활용합니다. MS는 윈도우 모바일을 포함하여 자바폰, 블랙베리, 아이폰까지 포함한 다양한 휴대폰을 지원하도록 설계했습니다. 스마트태그는 QR 코드와 비슷하게 활용될 수 있습니다.

NFC 태그

NFC 태그

　최근 출시된 스마트폰에는 기본적으로 NFC(Near Field Communication) 태그를 인식할 수 있는 기능들이 포함되어 있습니다. NFC 태그 하면 기본적으로 핸드폰 결제를 떠올릴 수 있습니다. NFC는 모바일 결제 서비스를 위한 카드 에뮬레이션 모드(card emulation mode), RFID와 유사한 NFC 태그 데이터를 읽고 쓰는 리더 모드(reader mode), 그리고 핸드폰 간 파일 공유를 위한 P2P 모드(peer-to-peer mode)의 3가지 기능이 있습니다. 이 중에 리더 모드가 바로 NFC 태그 기반서비스를 가능하게 합니다. NFC 태그도 QR 코드와 유사하게 자료들을 담을 수 있는데 최근에는 41 문자까지 URL을 넣을 수 있습니다. NFC 태그는 가격이 다른 메모리 디바이스보다 매우 저렴하고, 스티커 타입과 같은 다양한 형태가 존재하기 때문에 디자인의 자율성도 높고 설치도 매우 용이합니다. 그래서, 식당과 같은 장소나 자동차 혹은 TV, 그리고 훨씬 작은 마우스에도 붙일 수 있습니다. 물론, 그에 적합한 서비스가 개발되어야 하겠지만, 사용의 자율성이 매우 높습니다.

　NFC 태그가 QR 코드의 기능에다 모바일 결제까지 할 수 있기 때문에 QR

코드를 대체할 수 있을지에 대한 궁금증도 가지고 있습니다. 아마도 QR 코드처럼 코드를 프린트하여 활용할 수 없기 때문에 대체한다고 볼 수는 없을 것입니다. 그러나 NFC 태그만 있다면 버스, 택시, 야외 휴양지 등 다양한 장소에서 원하는 정보를 제공할 수 있어서 나름대로 활용도는 있습니다. 특히 다양한 디자인으로 설계가 가능하기 때문에 기념품 제작으로도 활용이 가능합니다.

증강현실(AR)과 마커(Marker)

증강현실(Augmented Reality, 이하 AR)은 실 세계에 3차원 가상물체를 겹쳐 보여주는 기술로 사용자가 눈으로 보는 현실세계에 가상 물체를 겹쳐 보여주는 기술입니다. (출처: 네이버 두산백과사전) AR은 컴퓨터가 가지고 있는 비디오, 그래픽, 또는 GPS 자료 같은 센서들을 입력 받아 처리해주는 기술이 활용되어 구현되는 것입니다. AR은 건축, 예술, 네비게이션, 의학 등 다양한 분야에 활용이 가능한데 특히 교육 분야에서 활발한 시도들이 진행되고 있습니다.

교육 분야에서 가장 많이 활용된 사례는 마커를 만들고 학습자가 카메라를 이용하여 마커를 보면 3차원 그래픽을 제시하는 형태입니다. 이러한 시도는 초등학교 학습용으로 데모 버전들이 전시회를 통해 전시되었고 일부 몇몇 학교에서도 시범적으로 활용되었습니다.

AR의 가장 큰 매력은 현실과 3차원 그래픽을 이용한 합성이라고 볼 수 있는데 학생들은 마치 실제인 것처럼 느끼게 됩니다. 예를 들어 마커 앞에 꼬마가 있고 그 안에 공룡이 나온다면 학생들은 무척 놀랄 것입니다. 이러한 기술들은 우리의 머릿속에 있는 상상들을 현실 속에서 가능케 합니다.

AR을 활용한 체험

 초창기 AR의 걸림돌은 마커(Marker)였습니다. AR 기술은 마커를 인식하여 그 안에서 준비된 영상이나 이미지, 또는 정보를 제공하게 됩니다. 그래서 마커가 없이는 AR을 구현할 수 없습니다. 최근에 소개된 앱들을 보면 카메라가 직접 마커를 만들기도 합니다. 예를 들어, 자신의 명함을 카메라로 캡처하여 마커로 지정하고 자신의 인사말이 들어있는 동영상과 연결을 한 뒤에 어느 장소에서든지 명함을 카메라로 인식하면 자신의 동영상이 재생되는 형태입니다. 이러한 데모는 TED에서도 다양한 예제를 통해 제시된 바 있습니다. 이 기술을 이용하여 카메라 내의 마커의 크기를 지정하면 그 영역 안에서 동영상이 제시되어 기존에 만들어 놓은 마커를 이용하는 것보다 훨씬 더 활용성이 높습니다.

아래 그림은 아이패드 화면을 마커로 인식하고 그 위에 권투하는 3차원 그래픽을 넣어 마치 아이패드 위에서 권투하는 것 같은 모습을 만든 것입니다.

카메라가 AR 마커를 직접 촬영하여 활용하는 사례

이러한 AR 기능은 최근에 한창 진행중인 e-트레이닝 분야에서도 활용이 가능합니다. 예를 들어 자동차를 수리하는 훈련센터에서 훈련생은 HMD를 착용하고 HMD를 통해 인식된 마커를 이용하여 AR용 3D 정비 훈련 학습을 할 수도 있습니다.

이처럼 많은 분야에서 AR 기술은 활용도가 높습니다. 특히 미리 지정된 마커가 아닌 교실 안에 있는 다양한 사물들을 마커로 활용하여 수업시간에 활용한다면 학생들에게 호기심을 불러 일으켜 동기유발이나 학습 몰입에도 도움이 될 것입니다. 다만 AR을 이용한 성공적인 학습 사례들이 많지 않아 이 기술의 확산에 대해서는 좀 더 지켜봐야 하는 입장입니다.

e-Training 예제 (출처: NIPA)

07.
클라우드
(Cloud)

클라우드 개념

클라우드 컴퓨팅(cloud computing)이란 인터넷에 기반(cloud)을 둔 컴퓨팅 (computing) 기술을 의미합니다. 인터넷 상의 유틸리티 데이터 서버에 프로그램을 두고 그때그때 컴퓨터나 휴대폰에 불러와서 사용하는 웹을 기반으로 하는 소프트웨어 서비스입니다. (출처: 위키피디아 한글판) 이 정도의 정의라면 쉽게 클라우드의 개념을 이해할 수 있으리라 봅니다.

클라우드의 장점들을 살펴보면,

• 소프트웨어 사용을 모니터링하고 관리한다.

• 소프트웨어 버전 관리가 단일화된다.

• 바이러스 위험이 최소화된다.

• 소스 데이터, 결과 파일들을 저장, 관리할 수 있고, 중앙에서 이들을 관리할 수 있다.

• 최신 버전이나 고가의 컴퓨터 이슈가 줄어든다.

• 컴퓨터 분실로 인한 회사나 고객 데이터 사고가 일어날 가능성이 줄어든다.

클라우드 컴퓨팅은 무엇을 서비스 할 것인가, 누구를 대상으로 서비스 할 것인가에 따라 SaaS, PaaS, IaaS의 세가지 유형으로 구분할 수 있습니다. 하나씩 살펴 보겠습니다.

• SaaS(Software as a Service): SaaS는 사용자가 필요한 소프트웨어를 인터넷으로 서비스 받을 수 있도록 하는 최신의 소프트웨어 배포 모델로 정의할 수 있습니다. SaaS 플랫폼 공급자나 소프트웨어 서비스 제공자가 응용 소프트웨어를 서버에 설치하고, 인터넷을 통해 여러 사용자가 자신의 환경에 맞게 설정하여 사용할 수 있도록 하는 기술로도 정의할 수 있습니다.

• PaaS(Platform as a Service): 플랫폼이라고 하면 새로운 응용 소프트웨어를 개발할 때 필요한 API나 테스트할 때 필요한 환경을 의미하는데 즉 PaaS는 사용자가 소프트웨어를 개발할 수 있는 토대를 제공해 주는 서비스입니다. 클라우드 서비스 사업자는 PaaS를 통해 서비스 구성 컴포넌트 및 호환성 제공 서비스를 지원하는데 컴파일 언어, 웹 프로그램, 제작 툴, 데이터베이스 인터페이스, 과금 모듈, 사용자 관리 모듈 등을 포함합니다.

• IaaS(Infrastructure as a Service): IaaS는 가상화 기술을 활용하여 전산자원 풀(Pool)을

구축하고 사용자가 필요할 때 신속하게 IT INFRA 자원(서버, 스토리지, 네트워크 등)을 제공하는 서비스로 정의합니다. 사용자에게 서버나 스토리지 같은 하드웨어 자체를 판매하는 것이 아니라 하드웨어가 지닌 '컴퓨팅 능력'만을 서비스하는 것입니다. 클라우드 서비스의 대표적인 사례로 국내의 경우 KT의 U 클라우드, SKT의 T-Cloud, 다음 클라우드 등이 서비스 되고 있으며, 해외의 경우 웹 서비스(AWS)의 스토리지 서비스 S3 및 EC2가 있습니다.

이러닝 클라우드

그럼 학교에서 클라우드가 의미하는 것은 무엇일까요?

첫째로, 교수(teaching)와 학습 플랫폼(learning platform)을 의미합니다. 즉, 서버는 몇몇, 또는 모든 소프트웨어 응용 프로그램, 운영 시스템(OS), 인터넷 접속들을 각각의 플랫폼으로 나누어 관리하는 것이 아니라 하나의 플랫폼으로 제공합니다. 서버는 학생 수나 사용 플랫폼의 규모에 따라 산정되고 서비스가 제공됩니다. 예를 들어, 하나의 프로그램을 수 많은 학생들과 교사들의 컴퓨터, 태블릿, 노트북에서 사용할 수 있습니다.

둘째로, 학교 IT를 의미합니다. 클라우드 컴퓨팅은 비용과 에너지 효율화를 위해 학교 인프라를 중앙에서 관리할 수 있도록 합니다. 요구되는 서버 사용량에 따라 용량을 확장할 수 있습니다.(교사나 학생들에게는 안보입니다) 원격 관리나 유지보수를 이용해 시간이나 보안을 강화할 수 있습니다. 예를 들어, 클라우드로 제공되는 하나의 프로그램이나 운영 시스템은 개별 플랫폼 개념이 아닌 하나의 서버 개념으로 한번에 업그레이드가 가능합니다. 플랫폼 접근 관리를 통해 손실이나 도난의 우려가 없습니다.

셋째로, 접근성을 의미합니다. 클라우드는 교사들에게 많은 탄력성을 제공하는데 교사들은 전체 응용 프로그램 풀(Pool) 중에서 커리큘럼과 학생들을 위해 가장 좋은 프로그램들을 선택할 수 있습니다. 넓은 범위의 인터넷 기반 소프트웨어나 도구들이 빠르고 쉽게 제공됩니다.

2013년 1월 28일 Training Press Releases의 보도자료에 의하면 25년 이상 영국에서 이러닝 서비스를 제공하고 있는 이러닝 전문 기업인 EPIC이 Docebo와 전략적 파트너십을 맺고 본격적인 클라우드 서비스를 한다고 밝혔습니다. EPIC은 Docebo의 SaaS 제품을 활용하여 비용을 절감하고 서비스의 효율을 높이겠다고 밝혔습니다. Docebo는 이러닝 플랫폼을 재빠르게 클라우드로 전환하여 대부분의 플랫폼과 서비스 제품들을 클라우드를 통해 전 세계적으로 제공하고 있습니다. 이 회사가 제공한 자료에 의하면 41%의 내용 전문가(SME)가 SaaS를 사용한다고 합니다.

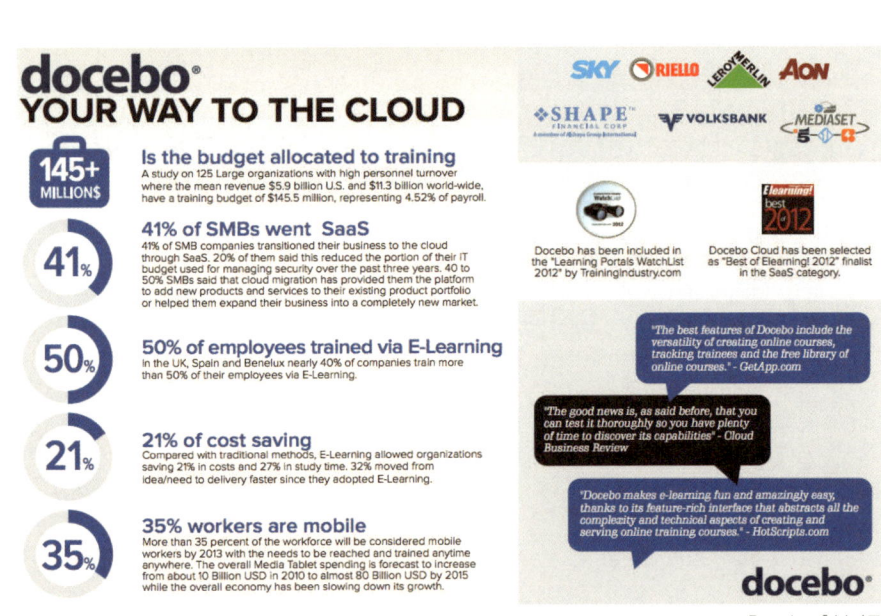

Docebo 홍보자료

국내에서는 메디오피아테크가 운영하는 홀라(Hulla)라는 제품이 있습니다. 이 제품은 클라우드 기반 SaaS 플랫폼을 이용하여 임대사업을 하는 것입니다. 홀라는 2012년 말에 일본 기업과 수출 계약을 체결하고 중장기적인 발전 모델과 수출모델을 동시에 갖추게 되었습니다. 홀라가 국내에서 안정적인 서비스 모델로 인정 받고 더불어 일본에 수출할 수 있었던 초석은 클라우드 기반의 SaaS입니다. 홀라의 주요 타깃 대상은 대기업이나 규모가 큰 기관이 아니라 중소기업과 개인 강사들이었습니다. 클라우드 기반으로 구축되어 있는 시스템을 이용하여 10분 내에 하나의 사이트를 구축하는 형태로 틈새시장을 공략한 서비스 모델인 것입니다.

홀라 메뉴 구조도(출처: 메디오피아테크)

또한 홀라 서비스의 해외 진출을 가능하게 한 요소를 찾아보면 안정적인 인터넷 서비스입니다. CD Networks에서 제공하는 CDN, XDN서비스는 국내, 또는 해외에서 올린 자료들을 전세계 어디에서든지 동일한 속도로 서비스를 받도록 지원하고 있습니다. 결국 클라우드 서비스를 원활하게 지원받아야만 원활한 서비스를 제공할 수 있습니다. 이러한 서비스는 여러 나라에 마치

로컬 파일 서버가 존재하는 것처럼 서비스를 제공할 수 있는 장점들이 있습니다.

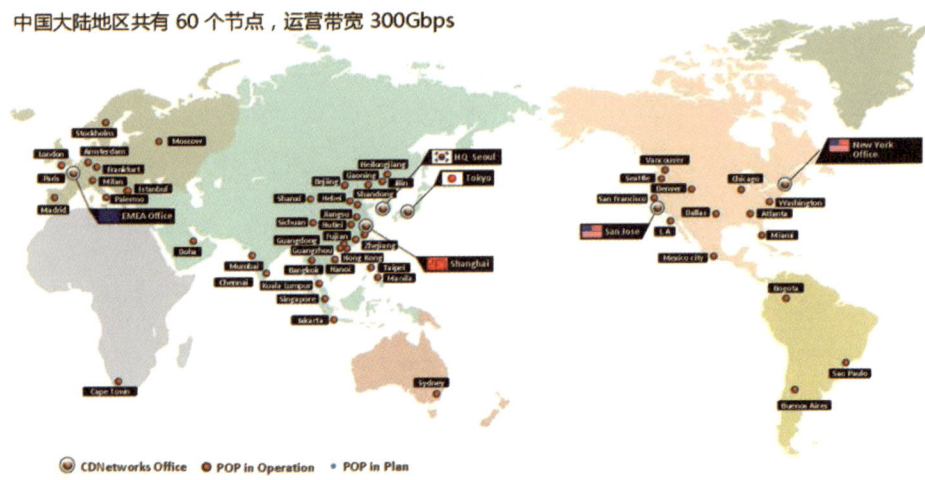

CDN 글로벌 서비스 지도 (출처: CDNetworks)

2012년 Techtarget.com에서는 10대 클라우드 제공업체를 조사했는데, 1 위는 Amazon We Services(이하, AWS)이고, 그 다음으로는 Rackspace, CentruyLink/Savvis, Salesforce.com, Verizon/Terremark, Joyent, Citrix, Bluelock, Microsoft, VMware순입니다.

1위를 달리고 있는 AWS는 미국뿐만 아니라 전 세계적으로도 가장 많은 시장을 차지하고 있습니다. 일반 소비자들이 가장 많이 접할 수 있는 서비스는 아마존 킨들(Kindle)일 것입니다. 인터넷 상에서 e-book을 구매하면 곧 바로 클라우드에 e-book의 정보가 올라가고 클라우드에 있는 e-book의 콘텐츠를 노트북, 태블릿, 스마트폰 등을 이용하여 내려 받게 됩니다. 읽고 있는 페이지와 북마크 정보가 다시 클라우드로 올라가기 때문에 다른 디바이스에서 e-book을 열게 되더라도 읽었던 페이지로 곧바로 이동하여 읽을 수 있도록

구성되어 있습니다. 필자도 아이패드, 갤럭시폰, 맥북에서 동기화된 e-book을
어느 때든지 너무도 편리하게 읽고 있습니다.

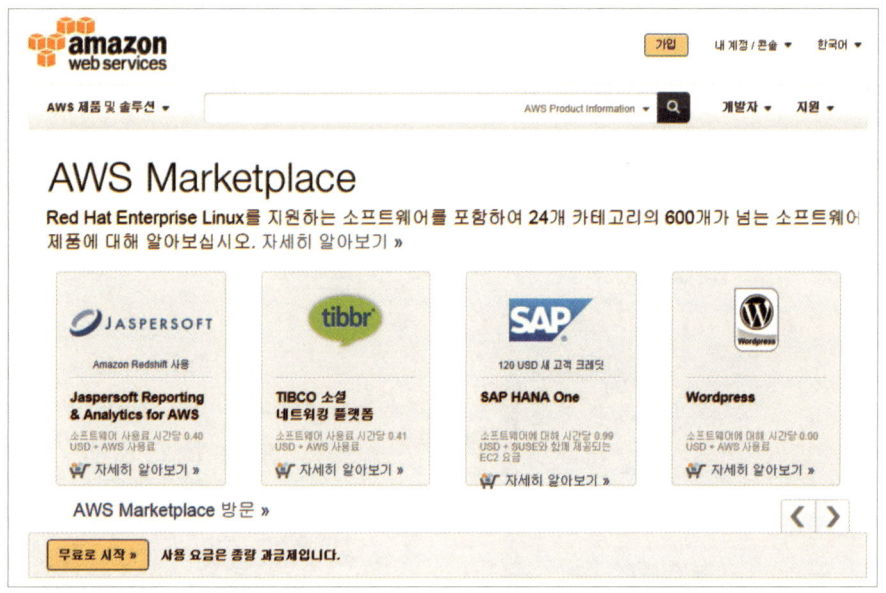

aws.amazon.com 메인화면

결국 이러한 클라우드 서비스는 스마트러닝의 큰 특징 중 하나인 끊김 없
는 서비스(Seamless Service)를 가능하게 합니다. 그러나 e-Book의 경우와는 달
리 동영상의 경우에는 기술적으로 다소 어려움은 있습니다.

교육부의 클라우드 정책

2012년 국내 교육부는 스마트러닝 지원을 위한 컨설팅을 진행했으며, 시범
사업이 진행 중에 있습니다. 관련 컨설팅 자료를 요청했는데 1급 비밀문서라

서 전달할 수 없다는 안타까운 통보를 받고 나름 관련 기사를 검색하여 관련
자료를 공개합니다. 아래 그림을 보면 클라우드 인프라를 위해서는 서버 200
대를 구성하였으며 스토리지는 80TB를 계산해 넣었습니다. 전국의 모든 학교
에서 사용하기 위한 용량으로 볼 수 있습니다. 이를 위해 클라우드 센터 관제
실을 통해 클라우드 자원상태 관리시스템을 모니터링하도록 되어 있습니다.

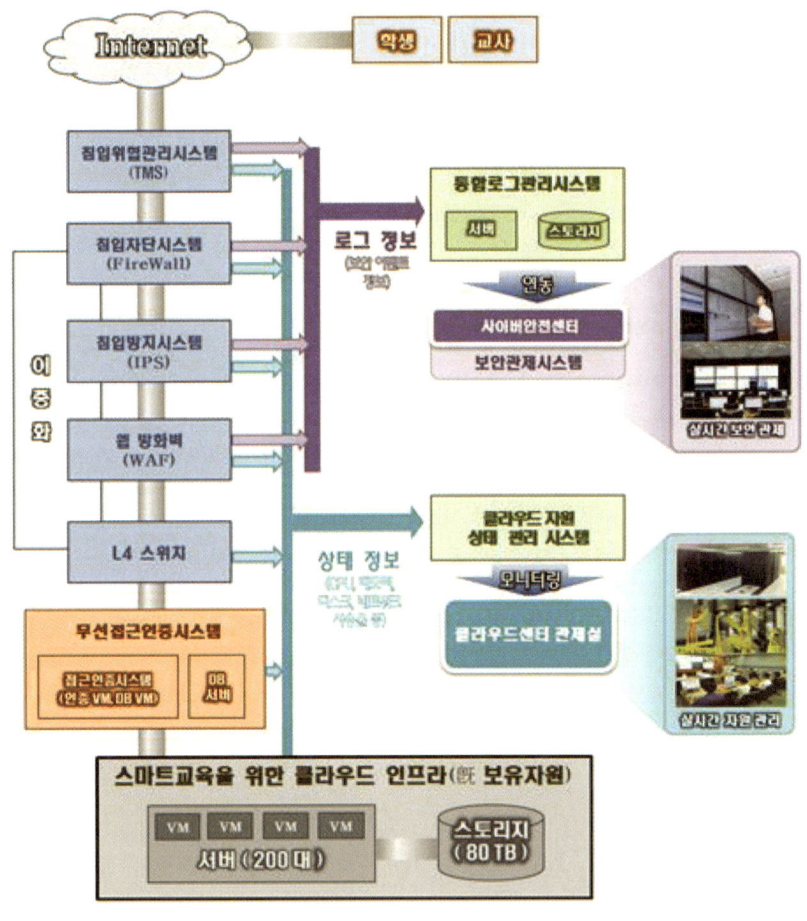

스마트러닝 시스템 하드웨어 구성 (출처: 디지털데일리, 2013. 1. 9)

교육부는 이러한 클라우드가 구축이 되면 개발되는 디지털교과서 및 학습 보조자료에 대한 서비스를 개시할 것입니다. 디지털 교과서 기능으로 들어가는 메모/필기, 북마크, 하이퍼링크, 하이라이트 등이 활용될 수 있을 것으로 기대됩니다.

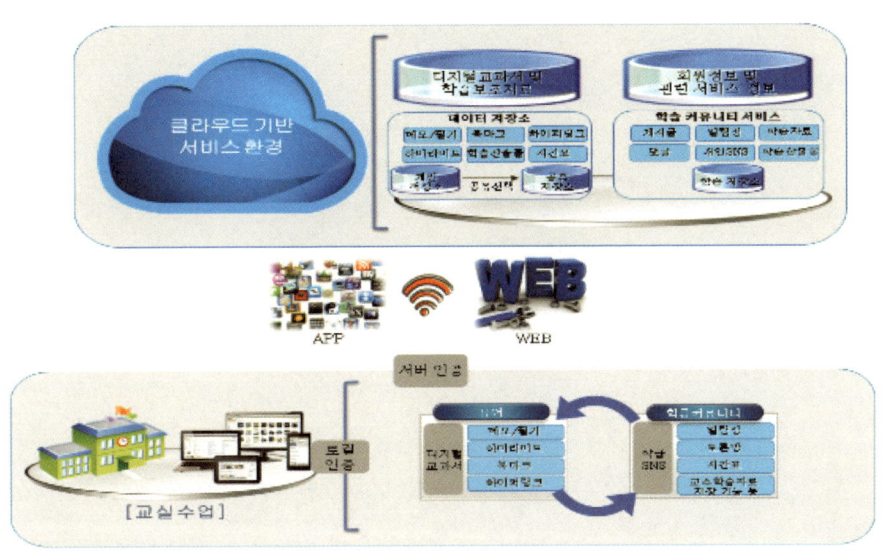

교육부 디지털교과서 서비스 구성도 (출처: KERIS 2012년 스마트교육 플랫폼 시범구축 제안요청서)

스마트러닝 플랫폼과, 디지털 교과서 서비스를 원활하기 위해서는 클라우드의 역할이 중요합니다. 정부가 클라우드를 드라이브 하는 이유는 그만큼 효율성과 관리가 편하기 때문일 것입니다.

개인용 클라우드

이제 개인용 클라우드 서비스를 살펴보기로 합니다. 개인용 클라우드 서비스는 개인이 보유하고 있는 자료나 동영상, 음악 파일 등을 자기만의 클라우드 공간에 보관하고 있다가 아무 때나 그 파일들을 내려 받기 하거나 클라우드 상태에서 편집, 보완할 수 있는 특장점들이 있습니다. 필자는 본서를 집필하면서 구글 드라이브를 이용하였습니다. 구글 드라이브의 큰 장점은 운영시스템, 디바이스와 상관 없이 전부 지원하고 있다는 것입니다. 그래서 사무실에서나 집에서나 이동할 때 짬짬이 시간을 내서 메모하거나 책에 대한 아이디어가 나올 때마다 기록할 수 있습니다. 추가 및 보완된 파일은 바로 서버에 저장되기 때문에 내가 가지고 있는 컴퓨터가 손상될 때 발생하게 될 문제를 걱정할 필요가 없습니다.

2012년 4월 ZDNet에서는 가장 좋은 개인용 클라우드 저장소 옵션들을 소개했습니다. 이러한 개인용 클라우드 저장소 서비스의 특징은 재빠른 변화 속에서도 무료 저장용량들이 여유롭게 제공되고 있어 추가 비용을 지불하지 않더라도 사용상 문제가 별로 없습니다.

- Amazon Cloud Drive/Player: Amazon과 연계하여 서비스하고 있으며 20기가의 무료 공간을 제공합니다. 업로드와 다운로드는 웹기반의 Amazon Cloud Player를 이용할 수 있습니다.
- Apple iCloud: 아이폰이나 아이패드에 설치된 앱들을 안전하게 보관할 뿐만 아니라 음원 파일이나 TV Show등의 정보들도 저장하여 관리할 수 있습니다.

- Dropbox: 다른 클라우드 시스템과 달리, Dropbox는 웹브라우저 인터페이스가 필요하지 않습니다. 원초적으로 PC, 리눅스, 안드로이드나 IOS에서 운영되는 앱들을 이용한 파일관리가 필요합니다. 자동으로 동기화하여 태블릿이나 스마트폰의 파일들을 PC에 자동 연결하고 백업이나 편집이 가능해서 많은 인기를 누리고 있습니다.

- Google Drive: 다른 클라우드 시스템과는 달리 구글은 용량 제한이 없습니다. 20기가 용량까지는 무료로 사용할 수 있고 추가 비용도 저렴한 편입니다.
- Microsoft SkyDrive: 이 서비스는 MS의 윈도우8과 통합할 수 있고 Dropbox와 유사한 기능들을 가지고 있는 클라우드 서비스입니다.
- Ubuntu One: Ubunto를 조금 아시는 분들은 리눅스 사용자만을 위한 클라우드 서비스가 아닌가 싶겠지만 윈도우에서도 사용할 수 있고, 안드로이드나 IOS에서도 사용이 가능합니다.

사용자마다 선호도가 다르겠지만 이 중 Dropbox의 선호도가 가장 높은 편입니다. 특히 아이패드와 같이 폐쇄적인 운영 시스템에서는 아주 유용한 앱으로 활용 가능합니다.

08.
통신 환경

스마트러닝 시대에 접어들면서 다양한 통신을 이용하고 있습니다. Wi-Fi, Bluetooth, Zigbee, LTE 등이 주로 사용되는데 그 통신 환경들이 스마트러닝에서는 어떻게 활용되고 있는지를 알게 된다면 누구든지 이를 활용하여 스마트러닝 교사가 될 수 있을 것입니다.

Wi-Fi

Wi-Fi(이하, 와이파이)는 와이파이 얼라이언스(Wi-Fi Alliance)의 상표명으로, IEEE 802.11 기반의 무선랜 연결과 장치 간 연결(와이파이 P2P), PAN/LAN/WAN 구성 등을 지원하는 일련의 기술을 뜻합니다. 초기 와이파이는 사실상 IEEE 802.11과 동의어로 사용되었으나, 현재 와이파이는 802.11 기반의 많은 소프트웨어 기술을 포함하며, 802.11에서는 지원되지만 와이파이에서 쓰이지 않는 기술도 있으므로 둘을 혼동하지 않는 것이 좋습니다. (출처: 위키피디아 한글판)

보통 와이파이는 집, 사무실, 공공 장소 할 것 없이 다양한 장소에서 인터넷을 사용하기 위해 활용되고 있습니다. 선이 필요 없기 때문에 AP(Access Point)만 있으면 쉽게 접속하여 인터넷을 즐길 수 있습니다. 이러한 와이파이를 이용해서 스마트러닝에서는 Allshare 기능을 활용하고 있습니다. (LG 제품들은 스마트쉐어(Smart Share)로 알려져 있습니다.) Allshare는 기본적으로 DLNA(Digital Living Network Alliance)기술을 통해 구현됩니다. 이 기능을 사용하기 위해서는 먼저 같은 무선 망에 같이 연결이 되어 있어야 합니다. 즉, 집이나 학습에서 하나의 무선 공유기에 같이 맞물려 있어야만 합니다. 같은 네트워크에 연결되어 있다면 스마트폰이나 태블릿의 화면을 스마트 TV에 그대로 전송하여 보여줄 수 있습니다. 최근 삼성에서는 삼성 스마트스쿨이라는 제품군을 출시해 40여 개 학교에서 시범적으로 운영하고 있다고 밝혔습니다. 이 패키지 내에 교사와 학생들은 태블릿을 이용하는데, 이때 교사의 태블릿에서 Allshare 기능을 이용하여 교사 태블릿의 화면을 스마트 TV에 시간 차이 없이 그대로 보여주며 학습을 진행하도록 하고 있습니다. 예전에는 VNC와 같은 가상 머신을 사용했던 것이 Allshare 기능을 이용해 쉽게 활용되는 것을 확인할 수 있습니다.

삼성 스마트스쿨 데모 전경 (2013. 1 EduWeek 전시회)

와이파이는 단순하게 무선 인터넷을 제공하는 역할에 머물러 있지 않고 화면 공유, 또는 파일 공유 등을 통해 집에서나 교실에서나 어디서든지 스마트러닝을 지원하고 있습니다. 그러나 원론적으로 볼 때, 와이파이는 스마트러닝의 가능성을 엿보게 만드는 통신환경입니다. 언제, 어디서나 학습할 수 있는 무선 인터넷 환경 제공은 이제 더 이상 낯선 것이 아니라 자연스럽고 친화적인 인프라를 구성하고 있기 때문입니다.

블루투스 (Bluetooth)

블루투스(Bluetooth)는 평소에 블루베리를 즐겨 먹어 항상 치아가 파란색이었던 덴마크 국왕 헤럴드 블라트란트의 애칭에서 유래되었습니다. 블루투스가 스칸디나비아를 통일한 것처럼 무선통신도 블루투스로 통일하자는 의미이기도 합니다. 이러한 블루투스 기술은 1994년 에릭슨이 최초로 개발하였고 이제는 IEEE 802.15.1 규격을 사용하는 PANs(Personal Area Networks)의 산업 표준으로 자리잡았습니다. (출처: 위키피디아 한글판 정리)

현재 블루투스 4.0은 블루투스 3.0 + HS의 속도인 24Mbps의 속도를 낼 수 있게 되었지만 아직 상용화는 안된 것 같습니다. 블루투스를 채택한 상용제품은 15억개 이상으로 알려져 있지만 블루투스의 주요 기능들은 블루투스 헤드셋을 이용하여 음악을 듣거나 동영상 관람을 할 때 사용하는 것이 일반적이고 PC에서 스마트폰으로, 또는 스마트폰에서 스마트폰으로 파일을 전송할 때 사용하기도 합니다.

블루투스를 이용하여 로봇을 조정하는 사례도 있습니다. SK텔레콤은 스마트러닝을 위해 알버트(Albert)라는 로봇을 개발했는데 알버트는 스마트폰을 이용하여 전후좌우로 움직입니다. 이때 사용한 통신이 블루투스입니다. 로봇과 선을 이용하지 않고서도 멀리 떨어져서 스마트폰으로 로봇을 조정할 수 있습니다. 이러한 기능들을 이용하여 학습 카드 찾기, 축구 게임 등을 즐길 수 있습니다.

SK텔레콤의 알버트(Albert)

알버트의 예에서 보았듯이 블루투스를 음악을 듣거나 파일 전송하는 것뿐 아니라 다른 디바이스를 조절하는 리모콘 기능이나 다른 디바이스를 제어하는 기능으로 확장한다면 스마트폰 하나로도 스마트 교실을 운영할 수 있습니다.

지그비(Zigbee)

지그비(Zigbee)란 저전력, 저가격, 사용의 용이성을 가진 근거리 무선센서 네트워크의 대표적인 기술 중 하나로 2003년 IEEE 802.15.4 작업분과위원회에서 표준화된 PHY/MAC층을 기반으로 한 상위 Protocol 및 Application을 규격화한 기술입니다. (출처: 한국 Zigbee 포럼)

지그비는 10~75m 사이에 전송이 가능하지만 보통 10m정도로 알려져 있습니다. 지그비의 전송 거리가 길지 않고 데이터 전송 속도도 높지 않기 때문에 많이 활용되지는 않고 있는 상황입니다. 그러나 최근 SK네트웍스는 Safe mate라는 스마트 손목시계를 개발하여 출시하였습니다. Safe mate는 기본적인 시계 기능 외에 긴급호출, 전화 발신, 문자 송수신, 일정관리, 이메일, SNS 내용 확인, 음악 재생 등의 기능을 합니다. 학교 내에서 착용한다면 학생의 위치를 큰 오차 없이 확인할 수 있기 때문에 학생 보호 차원에서 의미가 있습니다. 이때 사용한 통신 모듈이 지그비입니다. 저전력이기 때문에 스마트 시계로 활용해도 문제가 없습니다. 스마트 시계를 활용하여 생활의 편리성을 도모할 뿐만 아니라 안전하게 학생을 보호, 관리할 수 있게 되었습니다.

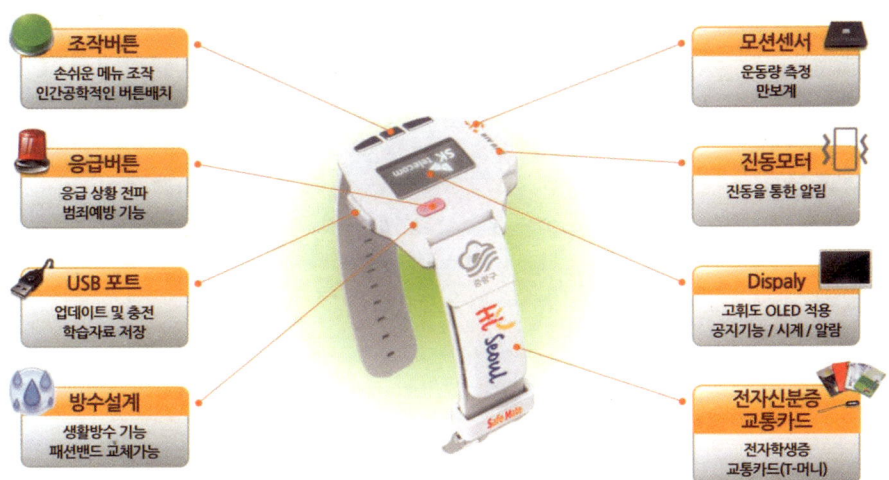

조작버튼
손쉬운 메뉴 조작
인간공학적인 버튼배치

응급버튼
응급 상황 전파
범죄예방 기능

USB 포트
업데이트 및 충전
학습자료 저장

방수설계
생활방수 기능
패션밴드 교체가능

모션센서
운동량 측정
만보계

진동모터
진동을 통한 알림

Dispaly
고휘도 OLED 적용
공지기능 / 시계 / 알람

전자신분증 교통카드
전자학생증
교통카드(T-머니)

스마트 손목시계 (출처: SK네트워크 브로셔)

긴급호출
· 관제 센터로 응급 상황 전파
· 주변 착용자에 상황 전달
· 선생님 / 경찰 등 응급 출동

디지털 시계
· 시간 / 날짜 / 요일 표시
· 알람 / 타이머 / 스톱워치

위치정보
· 실시간 위치 정보 확인
· 위치 맵 다운로드 기능

메시지 수신
· 긴급재해 등 이벤트정보 발송
· 학교 전달사항
  / 학부모 메시지 발송
· 공지 및 방과후학습 안내 등

등/하교 관리
· 등하교 및 위치정보 관리
· 특정 지역 진입, 이탈 관리

업그레이드
· 지속적인 제품 관리
· Plug and Play를 통한 자동
  업데이트 지원

USB메모리
· 다양한 학습자료 저장
· USB를 통한 손쉬운 이용

운동량 관리
· 만보계 기능 제공
· 운동량 및 칼로리 측정

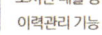
전자학생증
· 전자학생증을 이용한
  출결관리
· 도서관 대출 등
  이력관리 기능

배터리
· 충전식 배터리 내장
· 안전한 폴리머 이온 배터리로
  오랜 시간 사용가능

교통카드
· 대중교통 이용가능
  교통카드 기능
· 각종 보너스카드 통합 기능

USB Port
· Micro 5 Pin
· 손쉬운 연결 및 충전 지원

스마트 손목시계 기능들 (출처: SK네트워크 브로셔)

09.

CoP
(Community of Practice)

CoP(Community of Practice)로 불리는 용어는 Wenger와 Lave(1991)의 저서 "Situated Learning"에서 처음 사용되었으며, 공통의 관심사를 갖고 있는 사람들이 일하며 학습해 나가는 과정에서 자생적으로 만들어진 비공식적 소규모 연구 모임입니다. 일종의 동호인 모임과 유사한 성격을 띠고 있는 공동체들을 일컫습니다. '실행(Practice)'이란 개념은 '일상생활에서 사람들의 행동·활동들을 짜임새(Structure)있고 의미(Meaning)있게 해주는 역할을 하는 것'으로

정의되며, '공동체(Community)'란 '공유하고 있는 관행들을 중심으로 함께 어울리는 사람들'을 일컫습니다. (출처: 위키피디아 한글판)

2008년 University College London의 Jill Russell을 비롯한 연구진은 '발전을 위한 공유학습을 구축하는 CoP의 역할(The role of communities of practice in building capacity for shared learning for development)'이라는 논문에서 다음과 같이 결론을 내렸습니다.

온라인 환경은 공유 학습을 발전시키기 위한 무수히 많은 잠재력을 제공한다. 이는 일제히 상호작용을 하도록 하기도 하고 선생님들 그리고 과정에서 제공하는 교육자료들뿐만 아니라 세상의 다른 부분에서 일차적으로 체득한 것을 발전시키는 친구 학생들의 커뮤니티로부터 배운다. 이러한 학습들은 그들이 온라인의 상호작용을 통해서 배운 학습을 그들이 살고 있는 지역 개발문맥(local development context)과 실생활 훈련(practice)에 적용할 수 있도록 한다.

스마트러닝의 주체는 나와 내 주위에 있는 사람들입니다. 위의 정의에서 밝힌 바와 같이 CoP는 단순히 학습에서 끝나는 것이 아니라 여론을 조성하기도 하고 새로운 발전 방향으로 변해갑니다. 스마트러닝은 CoP의 방향 전환에 따라 점차적으로 변합니다. 기업들은 시장의 환경분석, 현황 조사를 통해 어떠한 방향으로 앱(App)을 개발할지를 결정합니다. 그리고 수요조사를 통해 실제 시장에서 사람들이 원하는 방향이 무엇인가를 파악하게 됩니다. 이때 사용자들의 의견은 절대적입니다. 사람들이 원하지 않는 것을 개발하는 것은 의미가 없기 때문입니다. 스마트러닝의 중심은 CoP이요, CoP를 통해 역사가 흘러가듯 스마트러닝이 흘러가는 것입니다. CoP는 기술이나 매뉴얼이 아닙니다. 최근 퀴즈 쇼 프로그램에서 보면 어떠한 질문에 대해 사람들이 어떻게 반응했는가에 대한 답변을 추측해서 가장 많이 응답한 예제가 무엇인지를 고르기도 합니다. 예를 들어, 40대가 가장 많이 사용하는 스마트폰의 기능은 무엇일까란 질문에 대한 정답은 40대가 알고 있을 가능성이 가장 높습니다. 다른 연령층에서도 맞출 수도 있지만 40대는 40대가 가장 잘 맞히게 될 것입니다. 이러한 예에서 우리가 예측할 수 있는 것은 정해진 답변이나 방향이 아닌 CoP에 따라 해답과 방향성이 변할 수 있다는 것입니다.

그렇다면 CoP는 단순히 카페의 카페지기와 운영자들, 그리고 멤버들로 구성되어 있는 것일까요? Fred Nickols는 CoP의 구성원들을 아래와 같이 분류하였습니다.

- Champion(챔피언): 주 개설자. 커뮤니케이션 지원의 운영자 역할을 한다.
- Facilitator(조력자): CoP 멤버들간의 커뮤니케이션에 포커스를 둔다. 이는 면대면 시간을 갖거나 가상 미팅을 통해 이루어진다.
- Integrator(통합자): 정보 통합자(Information Integrator)는 명확한 두 가지 역할을 가진다.
  (1) 다른 CoP나 비즈니스 단위와의 인터페이스(interface) 위치를 가진다.
  (2) CoP 내부나 외부로 확산된 정보 내에 존재하는 명확한 것들이나 복제되면서 부족한 것을 확실히 하는 위치를 가진다.
- Member(멤버): CoP를 구성하는 구성원을 말한다. 공동 관심사의 대해 공식적인 평가 위치에 있다.
- Practice Leader(실습 리더; PL): CoP의 공식 인정된 리더를 말하는데 그 리더십은 순위나 지위에 의한 것이 아니라 역량에 근거한다. CoP내의 리더십은 이슈를 변화하기도 하고 CoP 변환에 관여하기도 한다.
- Sponsor(스폰서): CoP와 나머지 공식적인 기관들과 가교(bridge) 역할을 한다.

또한 CoP는 새로운 조직을 나타내는 것이 아닙니다. 회사 내에서도 존재하고 학교 내에서도 존재합니다. 어떠한 것을 보고하는 단위가 아니라 같이 학습한 것을 강화시키는 조직으로 이해해야 합니다. CoP는 조직내의 정의하는 다른 그룹들과 구분되어야 합니다.

- CoP는 비즈니스나 기능적 단위와 다릅니다. 왜냐하면 CoP 멤버들은 그들 내에서 실행하는 것을 깨닫고 이해하는 것을 발전시키기 때문입니다.
- CoP는 팀과 구분되어야 합니다. 팀은 공유된 학습이나 관심사들을 멤버들 사이에서 같이 지켜져 가기 때문입니다. CoP는 일이 아닌 지식으로 정의되어야 합니다. 왜냐하면 참여자들은 그 구성원들 자체에 가치를 가지기 때문입니다. CoP의 라이프 사이클은 조직 스케줄이 아닌 구성원들이 부여하는 가치에 의해 결정됩니다.
- CoP는 어떤 측면에서 네트워크(network)와 구분되어야 합니다. 단지 관계 세트가 아니라 커뮤니티로서의 정체성을 가지며, 구성원들의 정체성의 형체(shape)를 가집니다. CoP는 멤버들이 학습의 집단 프로세스(collective process of learning)에 의해 공유된 실행을 만들기 때문에 존재합니다.

그렇다면 CoP는 왜 중요할까요? CoP는 어느 조직에서나 중요한 역할을 합니다. CoP는 창조, 축적, 지식 확산 측면에서 중요성들을 갖습니다. 그렇다면 스마트러닝 측면에서도 CoP는 매우 중요한 역할을 하게 될 것입니다.

- CoP는 스마트러닝 정보의 교환과 해석을 할 때 노드(node) 역할을 합니다.
- 데이터베이스나 매뉴얼과 같지 않고 살아 있는 방향으로 지식을 유지하여 더욱 진화된 학습 정보들이 축적됩니다.
- 스마트러닝을 최첨단으로 만들 수 있도록 합니다.
- 스마트러닝이 무엇인지 어떠한 방향으로 가야 할지를 알려주는 방향성을 제공합니다.

다시 말하지만 CoP는 스마트러닝의 중심입니다. 네트워크나 디바이스, 콘텐츠가 아닌 사람들 간에 이루어진 공유 지식들을 더욱 발전시키는 CoP입니다. 이제 책의 맨 처음에 나와 있는 스마트러닝에 대한 정의를 다시 언급하지만 스마트러닝은 사용자가 중심이 되어야 합니다.

스마트러닝은 사람을 위한 것이며 사람이 중심입니다.

III

트랜드 따라잡기

01.
가트너가 보는
2013년 10대 전략적 기술 트랜드

가트너는 여러 가지 연구와 조사 결과를 토대로 2013년 10대 전략적 기술 트랜드를 발표했습니다. 이 트랜드를 이해하고 IT 기술과 이러닝의 관계를 접목해 본다면 이해의 폭이 한층 넓어질 것입니다.

Mobile Device Battles (모바일 디바이스 전쟁)

가트너에 의하면 2013년도에는 모바일폰을 통한 인터넷 접속이 PC를 앞설 것이고 2015년까지는 스마트폰과 같은 핸드셋 디바이스 대(對) 비-스마트폰

핸드셋의 비율이 80:20으로 구성될 것입니다. 20%에 해당하는 핸드셋들은 윈도우폰이 될 것입니다. 2015년까지 미디어 태블릿 선적은 노트북 선적의 50%를 차지할 것이고 윈도우 8은 구글 안드로이드나 애플의 IOS보다 뒤처질 것입니다. 이에 따라 기업들은 다양한 형태로 PC와 태블릿 하드웨어 표준화를 감소시키는 다양한 요인들을 지원해야 합니다. 윈도우를 중심으로 한 PC 우위 시대는 포스트-PC(Post-PC) 시대로 대체되어 윈도우는 여러 IT환경 중에 하나가 될 것입니다.

Mobile Applications and HTML 5 (모바일 응용 프로그램과 HTML 5)

가트너에 의하면 앱을 접하는 개인 고객과 기업 고객을 만드는 툴 시장은 복잡한 양상을 보이고 있습니다. 그는 모바일 개발 툴을 몇 개의 카테고리로 구분했습니다. 몇 년 안에 모든 종류의 모바일 응용 프로그램을 최적화할 수 있는 단일 툴은 없어질 것입니다. 6개의 모바일 아키텍쳐 - 원초적(native), 특별(special), 하이브리드(hybrid), HTML 5, 문자(message)와 클라이언트 없이(No Client) 이루어지는 것들이 유명해질 것입니다. 그렇지만 원초적 앱들(native apps)로부터 HTML 5와 같은 웹 앱들(web apps)로 장시간 변화(long term shift)가 일어날 것입니다. 그럼에도 불구하고 원초적 앱은 사라지지 않을 것이고 최고의 사용자 경험과 가장 정교한 특징을 나타낼 것입니다. 개발자들도 역시 터치를 최적화한 모바일 응용 프로그램들을 개발하여 여러 다바이스를 지원할 것입니다.

Personal Cloud (개인용 클라우드)

마찬가지로 가트너에 의하면 개인용 클라우드는 개인용 콘텐츠를 보관하거나, 자기만의 서비스에 접속할 때나 개인적으로 선호하는 것들을 모아놓거나 디지털 생활의 센터로 생활할 수 있기 때문에 점차적으로 PC로 대체될 것입니다. 이는 다양한 측면의 삶이 있더라도 여러 디바이스에서 웹에 접속할 수 있는 연결고리를 만들 것입니다. 개인용 클라우드는 자신만의 서비스 수집, 웹 작성들을 할 수 있기에 컴퓨팅과 커뮤니케이션 활동의 중심이 될 것입니다. 사용자들은 이를 휴대할 수 있고, 언제 어디서나 필요에 따라 사용할 수 있습니다. 개인용 클라우드는 클라이언트 기반 디바이스에서 클라우드 기반 서비스로 변화시키고 있습니다.

Enterprise App Stores(기업용 앱 스토어)

가트너는 기업들이 복잡한 앱 스토어 미래에 직면해 있다고 말합니다. 왜냐하면 많은 개발사들이 그들의 스토어를 특정 디바이스와 앱 형태로 제한하고 있어 기업들은 여러 개의 스토어와 거래해야 하고, 여러 지불 프로세스와 다수의 라이센스 조건을 접해야 하기 때문입니다. 2014년까지 많은 기관들이 모바일 응용 프로그램을 근무자들에게 개인용 응용 프로그램 스토어를 통해 제공하게 될 것이고, 기업 앱스토어를 이용해 IT의 역할은 중앙중심적인 기획에서 시장을 지배하는 마켓으로 변하게 될 것이라고 역시 가트너는 전망합니다.

The Internet of Things(인터넷을 이용하는 것들)

가트너에 의하면 The Internet of Things (IoT)는 고객이 가지고 있는 디바이스들이나 물리적인 자산들이 인터넷에 연결되어 있는 것들처럼 인터넷이 물리적인 아이템을 확장하는 방법에 대한 개념을 설명하는 것입니다. IoT의 주요 요소들은 다양한 모바일 디바이스에 임베드된 것들이 임베딩된 센서와 이미지를 인식하는 기술, 그리고 NFC 지불 기능 등을 포함합니다. 결과적으로, 모바일은 더 이상 단순히 셀룰러 핸드셋이나 태블릿을 사용하는 것을 의미하지 않습니다. 셀룰러 기술은 약학이나 자동차를 포함한 새로운 형태의 디바이스들에 임베딩됩니다. 스마트폰이나 다른 인공지능 디바이스들은 셀룰러 네트워크만을 이용하지 않고 NFC, 블루투스, 그리고 와이파이를 이용하여 넓은 영역의 디바이스들에 사용되기도 하고 손목시계 디스플레이(wristwatch displays), 건강 센서(healthcare sensors), 스마트 포스터(smart posters), 홈 엔터테인먼트 시스템과 같은 주변기계의 장비들과 통신합니다. IoT는 폭 넓게 새로운 응용프로그램과 서비스들이 가능하도록 만듭니다.

Hybrid IT and Cloud Computing (하이브리드 IT와 클라우드 컴퓨팅)

최근 가트너 IT 서비스가 조사한 설문 결과에 의하면 내부적인 클라우드 서비스 중개업(Cloud Service Brokerage, 이하 CSB)의 역할이 새로 생겨났습니다. 이는 IT 기관들이 지금까지 전수 분배된 이종적인(heterogeneous) 그리고 때로는 복잡한 클라우드 서비스들이 내부적인 사용자나 외부적인 비즈니스 파트너들의 수요와 공급을 확대시킬 수 있도록 도움을 주어야 한다는 책임감을 인식했기 때문입니다. 이러한 내부적인 클라우드 서비스 중개업 역할이 IT 기관 자체의 영향력을 유지하고 구성하는데 의미를 가지게 되고 수시로 변하는 새로운 요구와 관련하여 클라우드를 하나의 IT 수용의 접근방법으로 증대시키고자 하는 것입니다.

Strategic Big Data (전략적 빅 데이터)

가트너에 의하면 빅 데이터는 개인적인 관점에서 기업의 전략적 정보 아키텍처로 이동하고 있습니다. 데이터의 크기, 다양성, 속도와 복잡성을 다루게 되면서 많은 전통적인 접근 방법으로 변하고 있습니다. 이러한 것들을 깨달

으면서 선두적인 기관들이 의사결정에 필요한 모든 정보를 가지고 있는 단일 엔터프라이즈 데이터 저장소의 개념을 버리고 있습니다. 대신, 기관들은 다수의 시스템, 콘텐츠 관리시스템 포함, 데이터 저장소, 데이터 시장 그리고 데이터 서비스나 메타데이터와 함께 묶인(tied) 특화된 파일 시스템들로 이동하고 있습니다. 이러한 구조가 '로지컬한(logical)' 엔터프라이즈 데이터 저장소가 될 것입니다.

Actionable Analytics (실행 가능한 분석자료들)

가트너에 의하면 분석자료들은 점차적으로 실행하는 데에 도움을 주고 있습니다. 성과와 비용의 상승으로 인해 IT 리더들은 비즈니스에서 분석된 자료들을 실행으로 옮길 수 있는 여력이 생겼습니다. 클라우드 기반 분석 엔진과 연계된 모바일 클라이언트와 빅 데이터 저장소들은 언제 어디서나 최적화되고 시뮬레이션 된 결과를 사용할 수 있도록 만들고 있습니다. 이러한 새로운 단계는 시뮬레이션을 하거나, 예측하거나, 최적하거나, 다른 분석자료들을 제공하여 비즈니스의 실행단계에서 의사결정을 할 때 탄력성을 가질 수 있도록 하고 있습니다.

In Memory Computing (인 메모리 컴퓨팅)

가트너에 의하면 인 메모리 컴퓨팅(IMC)은 역시 변화된 기회들을 제공합니다. 몇 시간 걸리는 어떤 배치 프로세스들이 몇 분, 심지어는 몇 초 안에 처리되어 실시간, 또는 거의 실시간에 가깝게 내부나 외부 사용자들에게 클라우드 서비스 형태로 제공됩니다. 수백만 개의 이벤트들은 수십 밀리세컨드 내에 스캔 되어 관련과 패턴이 있는지를 감지하여 새로운 기회요소로 지적되고 '마치 방금 생겨난 것들'과 같은 위협을 주기도 합니다. 동일한 데이터셋에 대한 동시 실행되는 트랜잭션과 분석 프로그램들은 비즈니스 개혁을 위한 미개척된 가능성을 열어줍니다. 수많은 개발사들이 IMC 기반의 솔루션을 수년 내에 출시할 것이고 이러한 접근이 주로 사용하는 형태가 될 것입니다.

Integrated Ecosystems (통합된 에코 시스템)

가트너에 의하면 시장은 점차적으로 통합된 시스템과 생태계로 변하고 있고 대강 연결된 이종적인 접근(heterogeneous approaches)으로부터 멀어지고 있습니다. 이러한 트랜드를 추진하는 힘은 저비용, 단순성, 그리고 증명된 보안성을 원하는 사용자들에게 있습니다. 이 트랜드가 끼치는 영향은 개발사들이 보유하고 있는 여러 솔루션들을 더 많이 관리하는 능력과 더 많은 이익을 내고자 하는 능력, 그리고 다른 하드웨어를 추가하지 않으면서 제한된 환경 하에서 완벽한 솔루션을 제공하는 능력을 가질 수 있도록 합니다. 이러한 트랜드는 3개의 레벨로 정리될 수 있습니다. 응용 소프트웨어는 하드웨어와 묶이고, 소프트웨어는 서비스와 묶이기도 합니다. 모바일 시장에서는, 애플, 구글, MS를 포함한 개발사들은 다양하게 조절하여 최종 생태계를 클라이언트 프로그램에서 앱으로 변화시키고 있습니다.

02.

Bottom-Line Performance사의
이러닝 트랜드

    Bottom-Line Performance(BLP)사의 대표인 샤론 볼러(Sharon Boller)는 이러닝 트랜드에 대해 체계적이면서 분석적인 자료를 제공하고 있습니다. 샤론은 20년 이상 이러닝 분야에서 다양한 활동을 통해 제품을 개발하거나 분석하고 있는 이러닝 전문기업의 대표입니다. 샤론이 내다보는 이러닝 트랜드는 어떤 것인지 살펴보겠습니다.

오늘날 학습환경에 대한 6가지 진실들

진실 1 ILT is NOT dead. (강사주도형 훈련학습은 죽지 않았다.)

이러닝과 관련한 다양한 도구들(모바일 앱, 웹사이트 등)을 제공하고 있지만 아직도 강사주도형 훈련학습(Instructor-led Training; ILT)에 관한 설계를 지속적으로 하고 있고, 실제로 많은 기업들이 이러한 학습을 많이 활용하고 있습니다. ASTD 통계자료를 보더라도 대부분의 기업 교육에서 강사주도형 학습이 주류를 이루고 있습니다.

기업 교육 확산 방법

확산 방법	산업 보고서의 ASTD 현황	상위 125 훈련 응답자 답변
강사주도형-교실	59.4%	31%
강사주도형-온라인	8.7%	5%
강사주도형-원격(위성, 비디오)	4.5%	무응답
자기주도형 온라인	18.7%	69%
모바일	1.4%	무응답

진실 2 M-Learning is a lot like sex. Lots of folks talking about it. Far Fewer actually doing it yet. (모바일 러닝은 섹스와 같다. 많은 사람들이 그렇게 말한다. 극소수만이 실제로 모바일 러닝을 이용한다.)

2012년 ASTD 보고서에 의하면 1.4%의 응답자만이 모바일 러닝을 활용하고 있다고 합니다. 이러닝 길드(eLearning Guild)는 2012년 5월에 모바일 보고서를 발표했습니다.(총 819명의 응답자) 이 보고서는 ASTD 응답자보다 좀 더 기술 솔루션과 관련이 있는 응답자들이나 아직까지 대부분이 콘텐츠 전달, 콘텐츠 캡처와 업로딩, 응용 프로그램 최적화, 소셜 네트워킹과 커뮤니케이션과 관련한 설문에서 모바일을 적용하는 사례는 20% 미만이었고 많은 비율이 조사, 또는 계획이 없음을 알 수 있습니다.

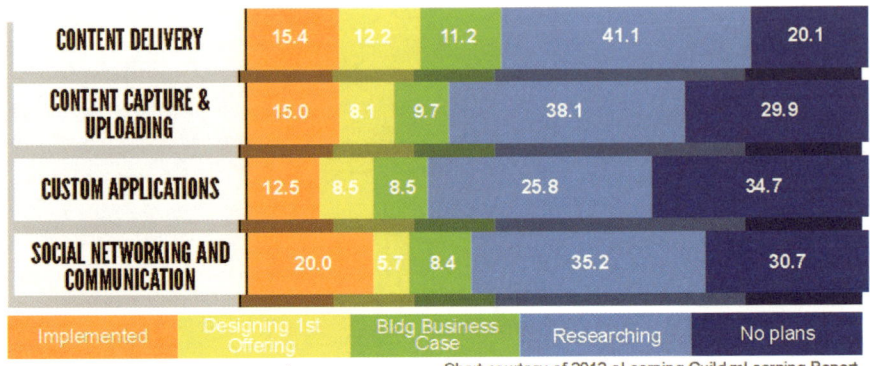

Chart courtesy of 2012 eLearning Guild mLearning Report.

모바일 러닝 활용성(eLearning Guild)

진실 3 Outside vendors matter. (외부 개발사가 문제다.)

ASTD 보고서에 의하면 학습과 개발 예산의 30%를 외부 개발사에 의뢰하는 것으로 응답되었습니다. 결국 학습 디자인과 학습 기술은 어느 외부 개발사와 협력하여 추진하느냐에 따라 크게 좌우될 수도 있는 일입니다. 이는 대부분 상위 기업들이 학습과 개발을 주로 하는 것이 아니기 때문에 외부 전문가 그룹이 필요하게 됩니다.

진실 4 The typical employee gets very little formal training in a year's time. (고용인들은 1년 동안 공식 훈련을 받는 비율이 매우 적다.)

31시간, 이것이 ASTD 설문 응답자들이 1년에 공식 훈련을 받았다는 답변 결과입니다. 이를 재해석하면 총 근무시간의 1.5%에 해당하는 시간입니다. The ASTD BEST상을 받은 기업은 총 49시간(2.3%)을 받고 있다고 응답했습니다.

진실 5 The majority of eLearning - in reality - doesn't match what's viewed as optimal. (대부분의 이러닝은 실제적으로 최적화되어 보여진 것과는 매칭이 되지 않는다.)

고객들은 항상 콘텐츠에 자체에만 치중하지 않는 '흥미 있고 매력적인' 콘텐츠를 원합니다. 그렇지만 대부분 볼 수 있는 것들은 '텍스트와 다음버튼'들이어서 콘텐츠들만 잔뜩 있고 다른 행동에 기반한 산출물은 거의 없다고 합니다. 어떻게 보면 이 문제는 초기 산출물보다는 콘텐츠에 포커스를 둔 내용전문가의 탓이기도 합니다. 다른 경우들은 학습 디자인에 근거하지 않고 단지 Articulate나 Captivate와 같은 저작도구로 빠르게 콘텐츠를 제작하려는 내부 담당자의 산물이기도 할 것입니다.

진실 6 Very few people actually pull data from the LMS... but they all believe they need the data. (LMS로부터 데이터를 꺼내어 활용하는 사람들의 비율은 거의 없지만 자료들이 필요합니다라고들 말한다.)

최근 들어 SCORM을 대체하기 위해 Tin Can API를 도입하는 개발사들이 많아지고 있습니다. 이 API는 온라인은 물론 오프라인까지 다양한 경험들을 트래킹 할 수 있습니다. 그러나 이러한 환경하에서 운영을 하지만 정작 사용자들은 LMS내에 있는 자료들을 거의 사용하지 않습니다. 기업들은 막대한 돈을 들여 개발했지만 사용자들이 제대로 활용하지 못하고 있습니다.

새로운 트랜드와 기술들

트랜드 1 Less desktop and more mobile, but not that fast. (데스크탑 PC는 줄고 모바일은 늘고, 그러나 빠르지는 않다.)

빙하는 지형 변화에 막대한 영향을 주지만 서서히 오듯이 모바일도 그렇습니다. 몇 가지 데이터를 통해 흐름을 이해하도록 합시다.

- 애플은 2012년 1분기에 1500만대의 아이패드를 선적했고 24개월에 6,700만대의 아이패드를 팔았습니다. (이 숫자는 맥을 24년 동안 판매한 숫자이며 아이팟을 5년 동안 판매한 숫자입니다.)
- 2015년까지 74억 개의 모바일 디바이스가 시장에 유통될 것이며 이는 현재 인구 70억 명의 숫자와 비슷합니다.
- 2015년까지 모바일 앱은 PC를 4대 1로 능가할 것입니다.

이러한 변화는 K-12와 대학 교실에서 빠르게 일어나고 있는 듯합니다. 모바일을 사용하고 있는 회사들은 직원들이 아닌 고객들에게 제공하는 솔루션에 중점을 둡니다.

트랜드 2 Fewer full-sized courses. More learning snacks, ePubs, videos, and reference tools. (정식 풀코스는 줄어들고, 간단한 과정들, ePub, 비디오 참고 툴들은 증가한다.)

온라인 과정들은 작은 뭉치(chunk) 단위로 디자인 되고 있습니다. Massive Open Online courses(MOOCs)도 몇 주간에 걸친 큰 과정들을 작은 단위로 제공하는 것을 볼 수 있습니다.

온라인 참고 툴이 과정들을 대체하고 있는데 그 중 대표적인 것이 e-Book 표준 ePub입니다. 2012년 10대 히트는 Articulate 과정들을 iBook Author를 이용하여 자동으로 ePub으로 변환하는 것이었습니다. 이렇게 e-book에 대한 요구가 많아지고 있습니다.

많은 사람들이 길지 않은 분량의 의미 있는 내용을 보고 싶어합니다. 비디오는 이러한 요구를 충분히 충족시키고 있어서 이용 증가세를 보입니다. 비디오는 짧은 시간 안에 정보와 개요를 쉽게 전달할 수 있는 장점이 있고 이러닝

코스 내에 있는 플래시 애니메이션을 동영상으로 변환하여 모바일에 친숙한 솔루션으로도 제공이 가능합니다.

트랜드 3 Less focus on the LMS. More focus on Tin Can API. (LMS에 대한 의존도가 약해지고 Tin Can API에 더 많은 포커스를 둔다.)

LMS는 이러닝에 있어 중심 솔루션이며 이를 중심으로 모든 학습이 이루어졌습니다. 고객들은 왜 SCORM 써야 하는지도 모르면서 SCORM을 지원하는 솔루션을 원합니다. Tin Can API(경험 API, 또는 xAPI로도 알려져 있음)는 mLearn 2012와 Devlearn 2012의 핫이슈가 되었습니다. 그 이유는 학습자들이 가지고 있는 경험을 트래킹할 뿐 학습 콘텐츠 완료 여부에 대해서는 트래킹하지 않기 때문입니다. 경험이 과정을 완료하게 합니다. 즉, 게임을 하고 트위터에 참여하고, 블로그를 읽고, 비디오를 보면서 과정을 이수하게 되는 것입니다. 아직까지 LMS를 대체할 단계는 아니지만 2013년도에는 Tin Can이 주목할만한 대상입니다.

트랜드 4 Less Click NEXT or Tell. More games and gamification of learning. (다음 버튼 클릭은 줄고 게임과 학습의 게임 연관성은 증가한다.)

오늘날 학습자들은 강사 주도형 접근 방식에 대한 인내력의 한계를 나타내고 있습니다. 그래서 게임과 학습상의 게임 연관성 프로그램이나 웹들은 영향력 있는 학습도구로 인식되고 있습니다.

트랜드 5 Less PPT-only; More Cool Interactive Tools within Lectures. (파워포인트만 사용하는 것은 줄어드는 반면 학습 내의 상호작용이 좋은 툴을 증가한다.)

이 트랜드는 게임연계성 도구와 밀접하지는 않지만 같이 가져갈 수 있습니다. 그러나 중점을 둬야 할 것은 학습 조력자(Facilitator)가 실시간 워크샵이나 웨비너(webinar)에 이 툴들을 사용하는 것입니다. 이 툴들을 사용하면 경험을 증대시킬 뿐만 아니라 학습자들이 참여하게 만듭니다. 예를 들어, Poll Everywhere는 웹 애플리케이션으로 투표를 파워포인트 슬라이드 안에 포함시킬 수 있습니다. 학습자들은 모바일폰으로 응답하여 결과를 같이 공유할 수 있습니다.

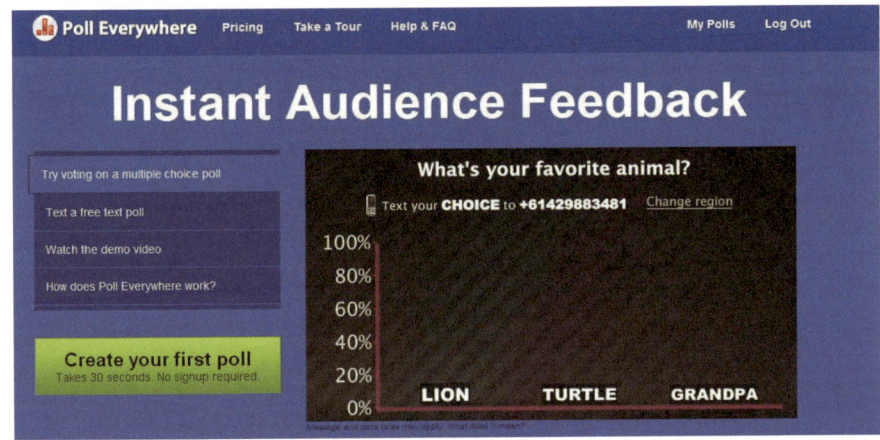

Poll everywhere(이미지 출처: http://www.polleverywhere.com)

이 외에도 NearPod는 아이패드용 앱으로서 학교나 기업에서 프리젠테이션을 할 때 활용할 수 있습니다.

트랜드 6 Less Formal Training; More Informal Social Learning. (형식적인 학습은 줄어드는 반면 비형식 소셜 학습은 증가한다.)

트위터, MOOCs, 유튜브 채널과 블로그들은 특정 주제에 푹 빠져 있다고 볼 수 있습니다. 앞서 조사된 자료에서도 보듯이 형식적인 학습은 1년에 31시간에 그친다는 사실이 이를 증명합니다. 소셜러닝은 즉시성이 있으며, 많은 시간을 할애하여 해당 사이트나 앱에 머물러서 활동을 하고 있습니다. 예를 들어, 트위터를 공식적으로 활용한다면 단순히 정보를 제공하는 차원을 넘어 참여자간의 지식이나 정보를 공유하고 활용하는 세컨드 툴(Second tool)로 활용할 수 있습니다.

트랜드 7 Less trainers and more community managers and content curators. (강사는 줄어드는 반면 커뮤니티 매니저와 콘텐츠 큐레이터는 증가한다.)

이 대목은 주목할만합니다. 전형적인 강사의 역할은 제한되고 커뮤니티 매니저의 역할이 늘어날 것입니다. 일부 몇몇 학습과 개발 커뮤니티에서는 이미 콘텐츠를 어떻게 배치하고 활용할지를 큐레이팅합니다. 예를 들어 블로그나 온라인 신문을 활용하거나, 트위터를 이용해 링크를 공유하는 활동을 관리합니다.

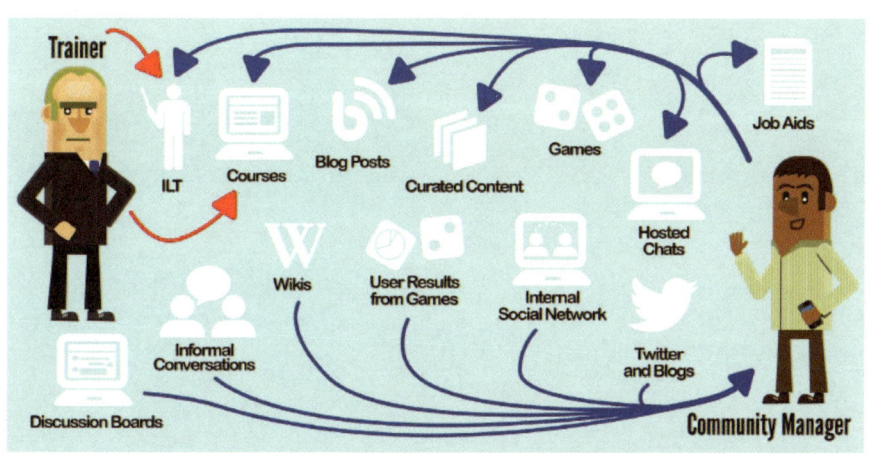

콘텐츠 큐레이팅(출처: Bottom-Line Performance)

IV

국내 스마트러닝 사례들

01.

삼성전자의
스마트스쿨

초일류를 지향하는 삼성전자가 자사 제품들을 이용하여 스마트러닝 시장에 진입하였습니다. 삼성전자는 세계 시장 진출을 염두에 두고 스마트 태블릿 2종을 중심으로 2013년 1월말 현재 국내 약 132개 학교에 구축 사례를 보이고 있습니다. 이 제품군은 스마트 TV를 이용할 수 있도록 삼성 갤럭시 노트 10.1과 최근에 출시한 ATIV Smart PC를 중심으로 구성되어 있습니다. 교실에서 화면 공유를 위해 와이파이를 이용한 Allshare 기능을 적극 활용하고 있습니다. 교사는 학생들의 태블릿을 제어할 수도 있고, 학생들이 자유롭게

학습을 하거나 자료를 검색하게 할 수도 있습니다. 선생님이 조사한 자료를 학생들과 공유하는 기능도 있습니다. 아울러 실시간으로 학생들에게 질문을 하거나 설문을 통해 학습에 몰입시킬 수도 있습니다. 모둠별 협력학습을 위해 개별이나 모둠별로 화면을 공유하거나 협력학습을 진행할 수도 있습니다. 결론적으로, 일선 학교에서 요청한 기본적 요구사항들을 반영하여 수업 진행 시 불편함이 없는 제품들을 갖춘 셈입니다.

삼성 스마트스쿨 시스템 개요도(이미지 출처: 삼성전자)

기본적으로 교사가 이 시스템에서 사용할 수 있는 기능들은 많습니다. 성적처리, 출석, 교안 활용, 실시간 질문을 통한 학습 몰입, 모둠별 학습지도 등 다양한 기능들이 준비되어 있습니다. 그러나 정작 이러한 기능들을 잘 활용하기 위해서는 컴퓨터 활용능력이 높아야 하고 이를 적극적으로 활용해야 한다는 책임감이 요구됩니다. 아무리 좋은 시스템이라도 시간 투자를 해야 하는 만큼 교사들에게는 더 많은 업무에 대한 부담이 있기 때문입니다. 그러나 그만큼 노력한다면 대한민국의 스마트러닝의 미래는 밝아질 것입니다.

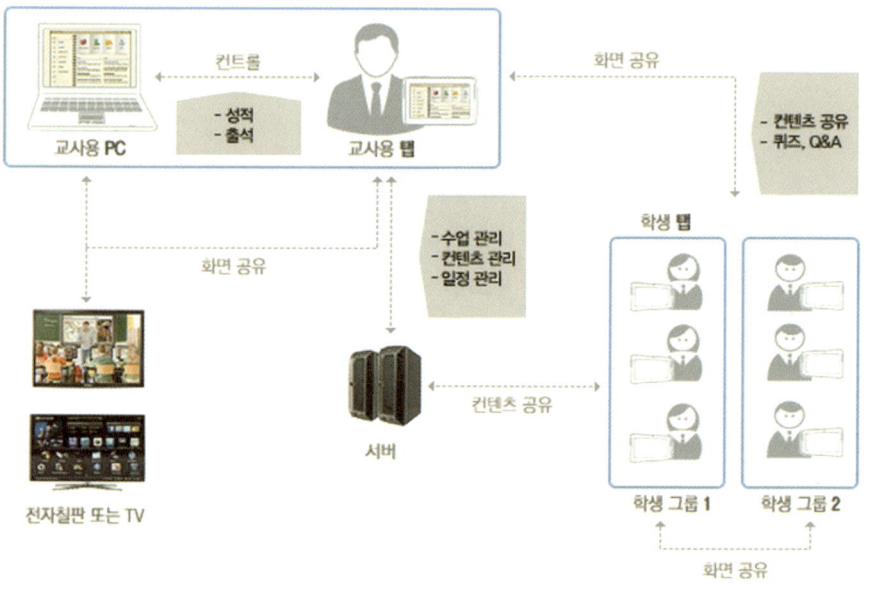

삼성스마트스쿨솔루션학습운영개념도(이미지 출처: 삼성전자)

02.
중소기업 3사가 세팅한
스마트러닝 솔루션

중소기업들이 뭉쳐서 삼성전자가 세팅한 스마트스쿨과 비슷하긴 하지만 약간의 차별화를 두고 스마트러닝 솔루션을 세팅했습니다. 비제이전자, 유파콤, i-Kaist가 협력하여 각자의 영역에서 강점을 가지고 있는 제품들을 모아서 하나의 패키지를 구성했고 이 패키지를 세종시 전 학교에 설치했습니다. 삼성전자가 태블릿과 와이파이를 이용했다면 이 패키지는 그 기능에다 전자칠판과의 연동, 녹화기능 및 클라우드 기능 활용, 기존에 익숙한 전자교탁 활용 등을 추가했습니다. 가장 큰 차별성은 아무래도 스토리지를 활용하여 강의 내

용을 저장하고 이를 온디맨드(On Demand) 형식으로 해서 언제든지 다시 복습할 수 있는 것입니다. 이 외에도 iSensor 카메라와 인터렉티브 빔 프로젝터를 활용하여 상호작용이 원활히 이루어지도록 제품 구성을 하였습니다.

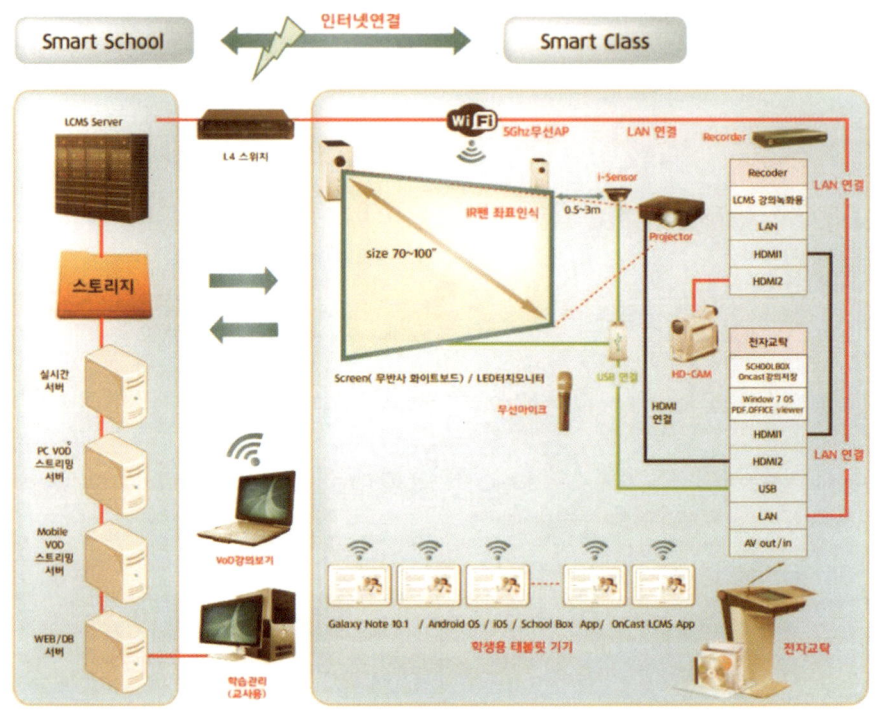

중소기업 3사가 구성한 스마트러닝 솔루션 (출처: 비제이전자㈜ 브로셔)

이 패키지는 태블릿만을 고집하지 않기 때문에 집에서도 미리 예습, 복습을 할 수 있는 장점들이 있습니다. 그래서 수업 전, 수업 중 그리고 수업 후 상황에서 각자 그 필요한 내용들을 학습할 수 있도록 구성되어 있습니다.

중소기업 3사가 스마트러닝이라는 패러다임을 잘 활용할 수 있도록 구성하였고, 기존 교실에 이미 구축되어 있는 시스템이나 장비도 최대한 활용할 수 있도록 고려하였습니다.

03.
SK텔레콤의
T스마트러닝

　SK텔레콤의 큰 장점은 통신 인프라를 가지고 있다는 것이고 부족한 점이라면 콘텐츠와 교육적 노하우가 없다는 것입니다. 그런 측면을 이해한다면 T스마트러닝이 추구하는 방향이 어떤 프로세스를 가져가고 있는지 알 수 있습니다. T스마트러닝은 학습 장터를 마련하고 그 안에 콘텐츠 제공자들(CP)을 통해 콘텐츠를 확보하고 학습자들에게는 월정액을 청구하여 수익을 내는 비즈니스 모델입니다. 주요 기능으로는 아래와 같이 구성되어 있습니다.

- **학부모 자녀지킴이**: 학부모가 원격으로 학습자의 태블릿의 사용현황을 확인 및 통제할 수 있는 서비스
- **자동 평가 및 첨삭 서비스**: 청담 SELP와 Skills4U 학습 시 학습자가 작성한 Speaking, Writing답안을 시스템이 자동으로 평가하여 즉각적인 서비스 제공
- **스마트 필기**: 콘텐츠 학습 시, 또는 사전 이용 시 별표, 형광펜, 색연필, 지우개, 메모 등 필기 기능 사용
- **멀티미디어 학습 기능**: 학습에 이루어지는 멀티미디어를 대상으로 구간반복, 자막 언어 선택, 북마크, 화면전환, 미니사전 등의 기능 제공

T스마트러닝의 구조를 살펴보면 학습관리를 하는 LMS의 구조가 학습, 평가, 자기주도학습으로 구분되어 있습니다. 학습 기능은 주어진 콘텐츠를 학습하고 이를 지원하는 기능들로 구성되었으며, 평가에서는 복습 테스트, 레벨 테스트, 개별화 테스트 등이 있습니다. 자기주도 학습에서는 학습 시작부터 학습 후 공유에 이르기까지 자기가 학습하며 관리할 수 있도록 되어 있습니다.

T스마트러닝 개념도(출처: 스마트러닝 포럼 발표자료)

현재 T스마트러닝에서 제공하고 있는 콘텐츠 상품들은 청담 SELP, CJ에듀케이션즈의 영어, K수학, 대성마하S 등입니다. 위 콘텐츠 구성만을 보더라도 입시생과 성인들이 주요 타깃 대상인 것을 알 수 있습니다.

학습 도구로는 기본적으로 웹과 태블릿을 중심으로 학습이 이루어지고 있습니다. 특히 태블릿을 강조하는 것은 통신사가 가지고 있는 통신 네트워크의 이점을 적극 활용하도록 하기 위해서입니다.

04.
KT

　SK텔레콤의 스마트러닝이 입시생과 성인 중심으로 방향이 맞춰져 있다고 본다면 KT의 스마트러닝 방향성은 마치 종합 백화점과 같습니다. 이러한 시각의 오해나 이해 부족이 있을 수는 있겠으나 표면적인 방향성과 발표자료를 근거로 했을 때는 그렇습니다. 콘텐츠 확보를 위해서는 대교, 두산동아, 천재교육, Scholastic과 같은 국내외 출판사로부터 콘텐츠를 받고, EBS, 비상교육, 웅진, 에듀윌과 같은 이러닝 사업자로부터도 콘텐츠를 받습니다. 입시를 위해

서는 메가스터디, 정상어학원, 두산동아, 천재교육으로부터 콘텐츠를 제공받습니다. 이 외에도 강사와 개인 교육자의 참여를 유도하고 있습니다. 이러한 콘텐츠을 기반으로 다양한 매체를 활용하고 있는데 학습 대상자들은 유아, 주부, 군인 등입니다. 군인들을 위해서는 IPTV를 활용하고 초·중·고등학생들에게는 PC를, 직장인들을 위해서는 스마트폰을 활용하고 있습니다. 이 외에도 태블릿과 전자칠판을 활용한 수업도 지원합니다. 이러한 구조는 u-Cloud 환경 하에서 유무선을 통합한 플랫폼 서비스를 제공합니다.

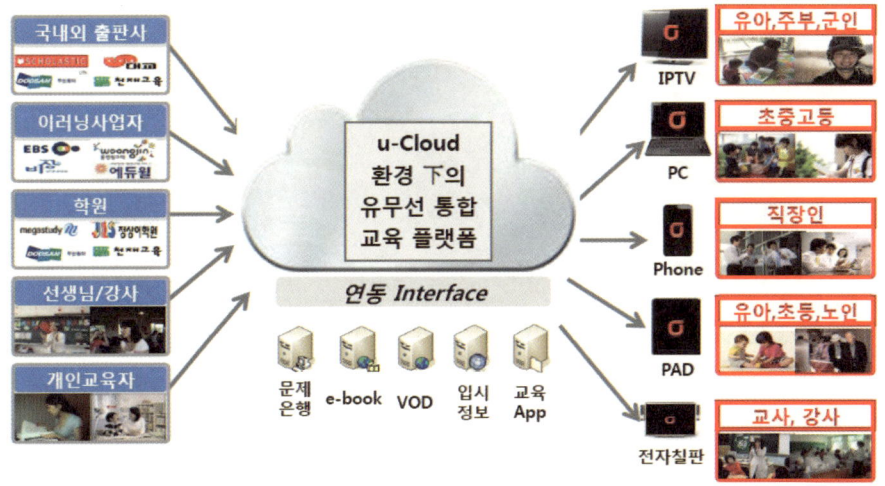

KT의 Olleh 스마트러닝 개요도(출처: 스마트러닝 포럼 발표자료)

KT의 자회사 KT오아이씨(KT OIC)라는 회사는 KT를 위해 콘텐츠 개발 사업과 스마트러닝 사업을 동시에 진행하고 있습니다. KT오아이씨의 스마트러닝 사업은 영어 학습을 주요 목표로 하고 있는데, 영어 학습 프로그램의 특징은 Coach Zone, Interaction Zone, Smart Zone으로 구분하여 7세부터 초등학교 6학년까지를 대상으로 하여 터치 기반학습의 역동적인 영어 학습을 하는 자기주도 학습, 시스템, 파닉스(Phonics)를 시작으로 읽기, 쓰기, 말하기, 듣기의 통합 언어학습 과정을 통해 Writing 과 Speaking presentation까지 발전하는 커리큘럼을 제공하는 것입니다.

KT OIC의 스마트러닝 프로그램(www.kt-oic.com)

05.

EBS

EBS는 교육 전문 방송국이라는 특장점을 잘 살려 스마트러닝을 주도하고 있습니다. 곽덕훈 전사장님의 공헌에 힘입어 전통적인 방송국에서 미디어 전문 기업으로 새롭게 변신한 결과로 보여집니다. EBS가 현재 운영하고 있는 스마트러닝 방향성은 EDRB, Blog 운영, 트위터, 페이스북, 미투데이, 유튜브 채널(ebsstory) 운영 등으로 구분할 수 있습니다.

EDRB는 앞에서 설명한 바와 같이 EBS가 보유하고 있고, 앞으로도 촬영을 통해 확보하게 될 동영상을 5분 내외의 클립 형태 데이터베이스를 만들고 이를 다양한 요구에 맞도록 커리큘럼을 구성할 수도 있고 판매할 수도 있는 특장점이 있습니다. 이미 영국의 BBC Motion Gallery에서도 이러한 방향성을 가지고 있는데 EBS에서 현재 확보하고 개발한 콘텐츠도 이에 못지 않은 경쟁력을 가지고 움직이고 있는 상황입니다. 방송국이 가지고 있는 특장점을 최대한 살려 창고에 버려질 수 있는 영상 데이터를 상품으로 판매하여 수익을 창출하고 있습니다. 일선 학교에서는 대형 모니터나 스마트 디바이스를 통해 이를 수업 시간에 활용하고 있습니다.

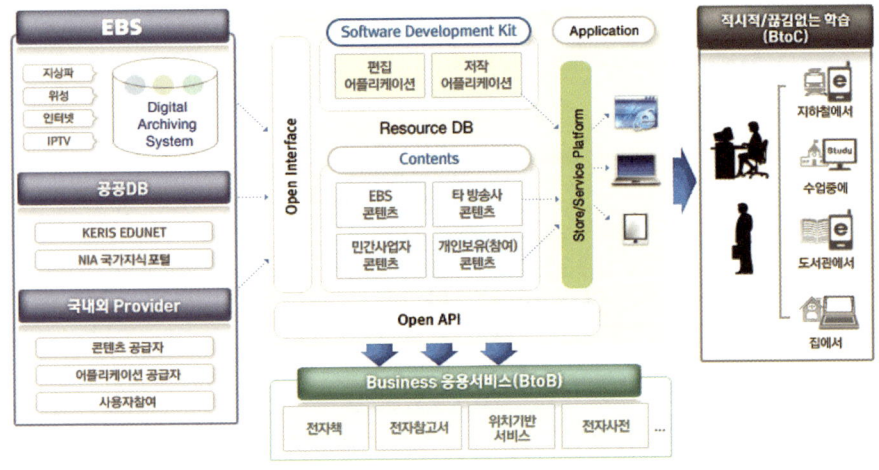

EBS의 EDRB 구조도(www.edrb.co.kr)

EBS는 실시간으로 방송되고 있는 내용이나 기존에 방송되었던 콘텐츠들을 안드로이드나 IOS에서 앱을 통해 시청할 수 있는 높은 접근성을 가지고 있습니다. 그리고 상당부분이 무료이기 때문에 일반인들의 활용도도 높다고 볼 수 있습니다. 스마트 디바이스를 지원하는 것은 아주 기본적인 방향이라고 할 수 있기에 EBS도 이에 충실한 상황입니다.

EBS는 이 외에 소셜 네트워크를 최대한 활용하고 있는데 트위터와 페이스북, 그리고 국내의 미투데이에 페이지를 만들어 업데이트 내용들을 공유하고 있습니다. 2012년 말 구글과 협력 관계를 체결하고 유튜브에 채널을 확보하여 EBS가 제작한 동영상을 실시간 업데이트 하고 있습니다. 이러한 정책은 EBS가 미디어를 어떻게 하면 많은 사용자들에게 확산 보급될 수 있으며, 서로 공유를 통해 학습 효과를 높일 수 있는가를 잘 파악했다고 평가할 수 있습니다. 스마트러닝 시대에 중추적인 역할을 담당하고 있기에 많은 사용자들이 이를 적극 활용할 것이며 역시 EBS가 나아갈 방향도 CoP가 움직이고 요구하는 방향으로 점차 변해갈 것으로 기대됩니다.

　이미 2012년 2월 세종시는 신도시의 특장점을 살려 세종시 전체 학교를 스마트스쿨로 묶었습니다. 2013년도에는 9개 학교에 82억 원을 책정하여 하나의 도시를 스마트스쿨로 엮어 운영하려는 시도를 하고 있습니다. 서울과 같은 타 도시와 비교해 볼 때 형평성에 있어서 문제가 되고 있기는 하지만 그 결과는 기대가 됩니다.

　그럼 세종시 스마트스쿨은 어떻게 구성되어 있을까요? 일단 학생이 학교에

등교하게 되면 교문에 설치된 RFID 리더기가 전자학생증을 인식하여 자동으로 출석처리하고, 이 결과를 학부모에게 문자로 전송합니다. 학교 내 교실에는 전자칠판, 전자교탁, 스마트 패드, 메시지 보드 및 무선 안테나(AP) 등이 설치되어 있습니다. 이러한 장비들과 학생들에게 제공된 스마트 패드를 활용하여 수업을 진행하게 됩니다. 교사들이 학생들의 태블릿을 제어할 수도 있고 자료도 공유할 수 있게 됩니다. 시청각실에는 방음벽과 200인치 실버스크린이 설치되어 있어 3D 동영상을 영화관에서처럼 시청할 수 있습니다. 스마트 스쿨은 최첨단 장비만을 추구하는 것이 아니라 학생들의 안전도 고려하고 있습니다. 학교 내에 학교 폭력 예방을 위해 취약지역 내 CCTV를 설치하고 해당 지점을 영상으로 관제할 수 있습니다. 음성 인식도 가능해 비상 상황 시 학생이 CCTV 밑에 설치된 비상벨을 누르면 CCTV 방향이 비상벨 위치로 자동 이동되고, 영상이 교장실, 교무실, 행정실에 전달되어 학교 폭력 예방에 기여할 수도 있습니다.

세종시 스마트스쿨 (출처: 행정중심복합도시건설청)

국내 대학교의 스마트러닝 방향은 대학교마다 큰 차이가 없이 비슷비슷합니다. 대학교마다 스마트러닝을 지원하기 위해 무선 인터넷을 강화하고, 태블릿 활용 및 스마트폰을 이용한 공지사항과 학습 진도 관리 등을 할 수 있도록 하고 있습니다.

인천대학교 임정훈 교수는 '모바일 기반 스마트러닝: 개념 탐색과 대학교육의 적용 가능성'이란 논문에서 모바일 기반 스마트러닝이 갖추어야 할 핵심

속성을 아래와 같이 5가지로 정리했습니다.

  1) 스마트 기능을 갖춘 첨단 모바일 기기 활용 학습

  2) 지능적, 적응적 학습

  3) 수준별, 맞춤형 학습

  4) 소셜 네트워크를 통한 협력학습

  5) 형식학습과 비형식학습이 결합된 융합 학습

  대학교에서 활용되는 스마트러닝은 주로 앱 형태로 개발되어 활용되고 있습니다. 그 앱에 포함되어 있는 메뉴들을 살펴보면, 공지사항, 학사일정, 사이버캠퍼스, 열람식, 캠퍼스맵, 전화번호, 식단, 셔틀버스, 기술사 정보, QR코드, 입학정보, 수강신청 등입니다. 일부 대학교에서는 이러닝으로 제작된 콘텐츠를 학습할 수 있도록 강의 동영상을 제공하고 있습니다. 사이버대학교에서는 스마트폰을 지원하는 등 적극적인 적용을 하고 있습니다.

모바일 캠퍼스 (출처: 포씨소프트)

08.
유니온앤이씨

유니온앤이씨(Union & EC)에서 개발한 랭귀지 큐브 패키지는 스마트러닝 시대를 대비하여 N-스크린을 지향합니다. 초기에 콘텐츠 개발을 태블릿에서 학습할 수 있도록 구성할 정도로 스마트 디바이스를 최대한 활용하려는 노력이 엿보입니다. 현재 다운로드센터(http://downloadcenter.languagecube.kr)에 방문하면 IOS와 안드로이드, 그리고 데스크탑용으로도 다운받아 활용이 가능합니다.

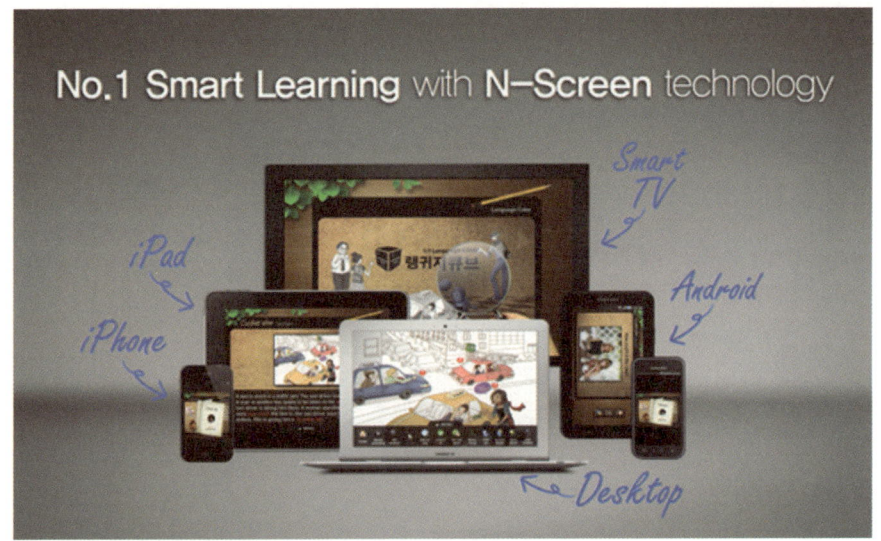

랭귀지큐브가 단순히 N-스크린을 지원하고 다양한 OS를 지원하고 있기 때문에 관심을 갖게 하는 것이 아닙니다. 실제로 이 콘텐츠를 시험 삼아 해보면 스마트 디바이스의 기능을 최대한 활용하려고 노력했다는 것을 확인할 수 있습니다. 이 제품군의 콘텐츠는 중국어, 일본어, 토익과 관련한 과목들입니다. 각 제품들은 학습자가 학습을 진행할 때 대화하면서 녹음할 수도 있고, 자신이 녹음한 음성을 들을 수도 있고 콘텐츠에 음성인식 기술도 접목했습니다. 학습자의 학습향상을 위해 콘텐츠, 음성인식, 녹음, 청취, 따라 하기 등 다양한 기술을 접목했을 뿐만 아니라 오프라인 1:1 코칭 기능도 같이 접목하고 있어 온/오프라인을 망라하는 종합적인 시스템으로 접근하고 있다는 것이 가장 큰 특징이자 장점이라 할 수 있습니다.

이 제품은 해외에서 방문한 바이어가 한국의 대표적인 스마트러닝 제품군을 소개해달라는 요청을 받는다면 소개하고 싶을 정도로 훌륭한 제품이라 평가할 수 있습니다.

TOP

랭귀지큐브 학습시스템

PC 또는 스마트기기에서 랭귀지큐브 Chinese를 학습하면서 사전 학습을 하고,
1:1 Coaching System을 통해 랭귀지큐브 강사가 온/오프라인 상에서 코칭해 드립니다.

스마트레슨	+	코칭
랭귀지큐브 Chinese 다양한 기기에서 레슨이 가능한 애플리케이션		1:1 Coaching 랭귀지센터

{ 다양한 기기에서 연계 학습 가능
12만 명의 수강생을 배출한 랭귀지센터 노하우
스마트기기에 적합한 interactive Lesson
랭귀지큐브 Learning Method에 입각한 콘텐츠

{ 원하는 수업 시간, 수업 횟수 수강생이 직접 설계
실력과 교수법이 검증된 강사이 1:1 코칭
사전학습 점검, 피드백등 수강생의 실력향상 위한 철저한 관리

:랭귀지큐브의 구성 (출처: www.unionnec.co.kr)

V

해외 스마트러닝 사례들

01

MOOC의
역습

MOOC란 Massive Open Online Course의 약자입니다. 의미에서도 볼 수 있듯이 대규모 참여자들이 웹에 접속하여 이러닝 학습을 할 수 있도록 과정을 제공하는 것을 의미합니다. MOOC는 최근 OER(Open Educational Resources)를 이용한 원격 교육의 트랜드로 자리잡고 있습니다. 대학교 과정들과 유사하나 학점을 부여하지 않는 것이 다릅니다. MOOC의 두 가지 특징은 개발적 접근(Open Access)과 대규모(Large Scale) 참여라는 것입니다.

그럼 MOOC가 스마트러닝에 관심을 가져야 하는 이유는 무엇일까요?

그것은 개발성과 공유라는 차원에서 그렇습니다. MIT OCW처럼 누구나 고품질의 콘텐츠를 청강할 수 있습니다. 그리고 대규모로 수강에 참여하고, 서로 의견을 교류하며, 다른 사람들에게 공유하기 때문에 파급효과가 크고 유사한 과정에 대한 표준 레벨을 정할 수 있다는 것입니다.

2011년 가을 스탠포드 대학교에서는 3개 과정을 개설하였는데 각 과정별로 10만 명이 등록하였습니다. 이러한 성과를 배경 삼아 Danphne Koller와 Andrew Ng는 Coursera를 런칭시켰습니다. 이러한 입소문을 통해 이웃 대학교들과도 협력관계를 가지게 되었습니다. 펜실바니아, 프린스톤, 스탠포드 그리고 미시건 4개 대학교와 협력관계를 맺었습니다.

10대 MOOC를 소개하면 아래와 같습니다.

1. Udemy Free Courses: 10만 명 이상 수강생 등록, 전세계 전문 강사 강의 제공

2. ITunesU Free Courses: 애플이 운영하는 무료 강좌

3. Stanford Free Courses: 190개 국가에서 16만 명의 등록생, 2만3천명의 이수자 배출

4. UC Berkeley Free Courses: 생물학부터 인간 감성에 이르는 다양한 과정들 제공

5. MIT OCW: 콘텐츠 공유의 시초

6. Duke Free Courses: ITunesU에 다양한 과정들 제공

7. Harvard Free Courses: 지원서 필요 없이 하버드의 고품질 강의 제공

8. UCLA Free Courses: 220개의 온라인 작문 프로그램 등을 제공

9. Yale Free Courses: 예일 대학교의 강의를 Open Yale에서 제공

10. Carnegie Mellon Free Courses: No instructors, no credits, no charge(강사 무, 학점 무, 등록금 무)를 자랑

MOOC의 파급효과는 이미 미국 내에 많은 영향을 미치고 있기 때문에 국내에도 앞으로 적지 않은 영향을 미칠 것으로 예상합니다. 국내에는 이미 KOCW(www.kocw.net)가 운영 중에 있지만 아직 활용성은 그리 높지 못합니다. 대한민국이 가지고 있는 특이한 문화 때문이라고도 볼 수 있지만 학습하고자 하는 열망이 미흡하기 때문일 수도 있을 것입니다. 세상은 이미 마음만 먹으면 얼마든지 학습하고 공유할 수 있도록 되어 있고 이 흐름을 잡지 못한다면 시대에 뒤처질 것입니다.

데이브 코미어(Dave Cormier)의 MOOC소개 장면

02.
SmartTech의
협력학습 전자칠판

전자칠판은 국내외를 막론하고 많은 기업들이 생산하고 판매하고 있는 제품군입니다. 컴퓨터의 출력을 전자칠판이라는 매체를 이용하여 보여주고 칠판에 판서나 상호작용을 하도록 하는 것이 일반적인 기능이고 활용 방법입니다.

그러나 SmartTech의 Freestrom solutions는 이러한 전자칠판의 기능을 한층 더 업그레이드 했습니다. 전세계에 흩어져 있는 직원 및 고객과 온라인으로 연결되어 있으면 전자칠판 내에 판서를 하거나 크기를 변경하거나, 이미지를 이동하거나, 기능들을 선보이거나 하는 것들을 실시간으로 멀티 화면으로 볼 수 있을 뿐만 아니라 참여자 누구나 동작시킬 수 있는 장점들이 있습니다. 시간과 공간의 제약을 넘어선 제품입니다. 손으로도 화면 내에 있는 객체들을 확대, 축소, 이동, 회전할 수 있고, 다른 매체로의 파일 전송도 가능합니다. 이러한 기능들은 이 솔루션이 자랑하는 상호작용 기능들입니다.

마이크로소프트 기술센터(Microsoft Technology Center)는 이 솔루션을 도입하여 실시간으로 고객들을 지원하여 비용과 시간을 절약하고 있다고 홍보하고 있습니다.

외형적으로 보면 전자칠판을 이용하고 화면 공유 및 동기화 기술을 활용하고 있습니다. 이러한 기술들의 적용은 스마트러닝이 반드시 비동기화 된 학습의 형태로 이루어지지 않고 동기화, 즉, 실시간으로 타 지역에 있는 동료들과 회의, 컨퍼런스, 수업을 할 수 있다는 전제를 실행에 옮겼다고 볼 수 있습니다. 이러한 기술을 활용한 스마트러닝은 학습자들에게 충분한 동기유발과 함께 높은 학습 효과도 기대할 수 있어서 향후에도 지속적으로 지켜봐야 할 제품군입니다.

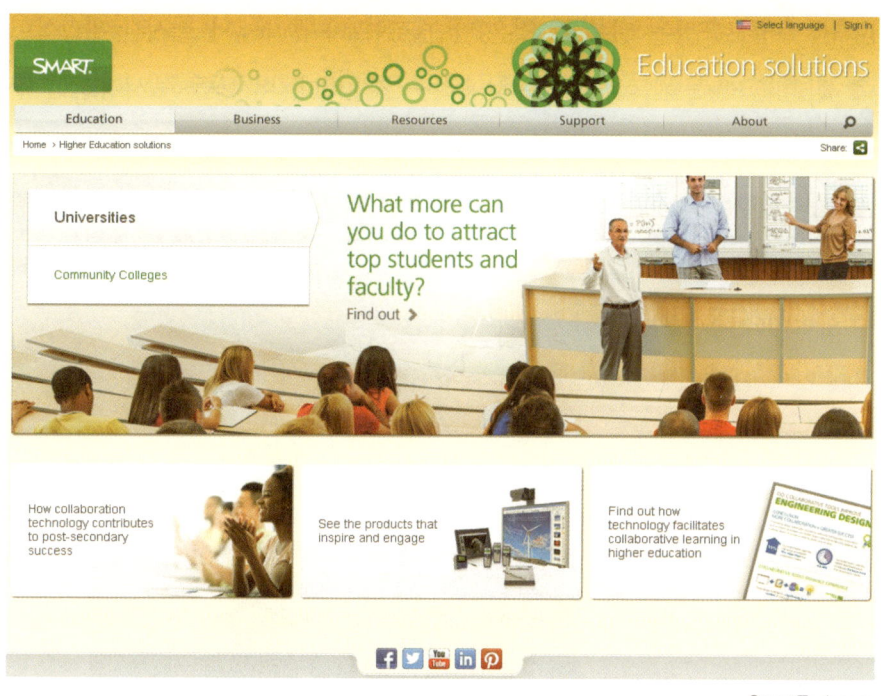

SmartTech.com

03.
Social Learning

이 책을 집필하면서 지속적으로 궁금한 것 중 하나는 과연 소셜러닝이 얼마나 많이 활용될 수 있을 것인가에 관한 것이었습니다. 그 이유는 소셜 네트워크 서비스(SNS)는 사교를 위해 만들어졌고, 그 안에서 많은 친구들을 만나고 사귀고 자기의 영역을 넓히는데 주력하고 있지 학습을 목표로 구성된 것이 아니며 원활한 학습환경을 제공하고 있는 것도 아니기 때문입니다. 하지만 이것이 필자의 편견일 수도 있다는 것을 여러 자료를 조사하면서 알게 되

었습니다. Mzinga의 Omnisocial과 Saba의 People Cloud의 사례들을 보며
더 자세히 알아보도록 하겠습니다.

Mzinga의 Omnisocial

Omnisocial은 소셜 학습 플랫폼으로서, 학습 관리를 할 수 있으면서 개인
용 앱들을 시스템 내에서 선택하여 사용할 수 있고, 사용자의 웹사이트나 학
습포털에 선택하여 설치할 수 있습니다. Omnisocial은 단독 프로그램으로도
사용이 가능하고 LMS와 통합해서 사용할 수도 있습니다. 지금까지 LMS만을
고집하며 학습했다면 이제는 소셜 학습 관리 시스템으로 대치할 수 있도록
구성되었습니다. 이것이 Omnisocial의 가장 큰 장점입니다.

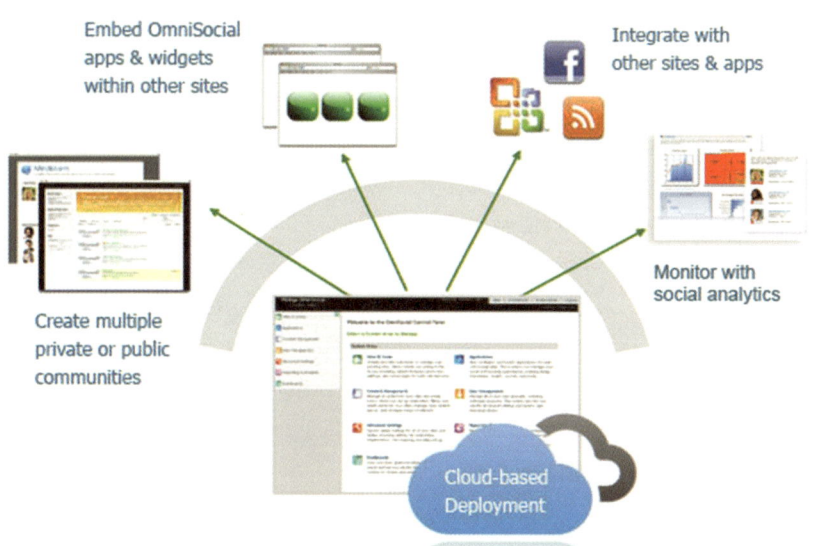

Mzinga의 Omnisocial 개념도 (출처: www.mzinga.com)

운영자 메뉴는 아래와 같이 7가지의 카테고리를 가지고 있으며 각 카테고리를 클릭할 때마다 하위 메뉴들이 트리 형태로 펼쳐지면서 미학적인 부분들을 더했습니다. 그래서 운영자 화면이 가지는 불편함을 최소화했습니다.

운영자 카테고리

- Sites and Zones (사이트와 영역) - layout, graphics, permission 등의 하위 메뉴들 존재
- Applications (응용 프로그램) - 30개의 앱과 40개 이상의 위젯이 존재
- Blogs, wikis and discussions (블로그, 위키, 토론)
- Social profiles, comments & ratings, polls (소셜 프로필, 코멘트 및 등급 매기기, 투표)
- Video management and file sharing (비디오 관리 및 파일 공유)
- Event management (이벤트 관리)
- To do lists, surveys & assessments (To Do 리스트, 설문, 평가)
- Lending library, eCommerce (도서, e커머스)
- Courses (LMS를 위한 과정들)
- Mobile (모바일)
- Content management (콘텐츠 관리) - 모든 콘텐츠 관리, 필터 생성 등
- User management (사용자 관리) - 학습자, 강사 계정 관리, 계정 세팅 등
- Advanced settings (고급 설정)
- Analytics (분석) - 콘텐츠 주제, 영향, 사용자 평가 등
- Dashboards (게시판)

이 외에 몇 가지 핵심적인 특징들이 있습니다.

- 클라우드 지원
- 브랜딩 - 자기만의 스킨(로고, 색상 등) 설정
- API와 위젯 수용: 자신, 또는 외부의 다양한 API와 위젯 수용

- 20개국 언어 지원

- 모바일 앱: 블랙베리, 아이폰 지원(안드로이드는 미확인)

- 페이스북 연계

- ERP, HRIS, CRM, 그리고 LMS와의 연동 가능

이 정도면 아주 훌륭한 소셜러닝 시스템이라 할 수 있지 않을까요?

Omnisocial의 큰 장점들이 여러 가지가 열거되어 있는데 이러한 장점들은 공유, 확산, 컨버전스의 역할을 충실히 하고 있다는 것을 의미하기 때문에 스마트러닝 시대에 반드시 필요한 영역이라 할 수 있습니다.

Saba의 People Cloud

Saba는 전통적인 이러닝 솔루션을 개발하는 회사 중 하나입니다. 대부분의 서양 솔루션 회사들이 그렇듯이 솔루션 디자인이 그렇게 훌륭하지는 않은 편이나 Saba People Cloud(이하, SPC)의 경우에는 간단하면서도 사용하기 편하도록 구성되었습니다. 프로필을 입력하다 보면 마치 linkedin.com의 프로필을 연상케 할 만큼 비슷하게 구성되어 있습니다. 사용자의 편리성을 고려할 만큼 UI를 잘 구성했습니다. 홈 화면에서는 우측에 있는 컴포넌트 메뉴들을 드래그 앤 드롭(Drag & Drop)으로 끌어다 놓을 수도 있고 메뉴들을 사용자가 원하는 방향으로 구성할 수도 있습니다.

SPC는 소셜러닝을 추구하고 있기 때문에 SNS의 페이스북, Linkedin과 같은 대표적인 사이트들의 컴포넌트와 호환이 가능할 뿐만 아니라 블로그나 위키와도 연계가 가능합니다. 링크나 파일들을 추가할 수도 있고, 업로드 속도

도 향상된 속도감을 느낄 수 있습니다. 만약 사용자가 인지도가 있고 유명한 전문가라면 자기의 강의를 올리고 그 강의를 실시간이나 비실시간으로 제공하여 자기만의 캐리어를 확장시킬 수도 있습니다.

기능상 다소 약점으로 보이는 것은 25개의 다른 소셜 미디어 타입과 연결되어 있어 불필요한 감이 다소 있고 Skype나 Google+ 아이콘이 없어 직접적인 연결은 가능하지 않다는 것입니다.

상단의 큰 메뉴로는 홈, Me, People, Groups, Meetings로 구분되어 있습니다. 자기 프로필 관리를 하고, 다른 사람들과 연결하고, 스터디 그룹을 만들어 활동을 하고, 실시간 미팅을 통한 학습을 할 수 있도록 구성되었습니다.

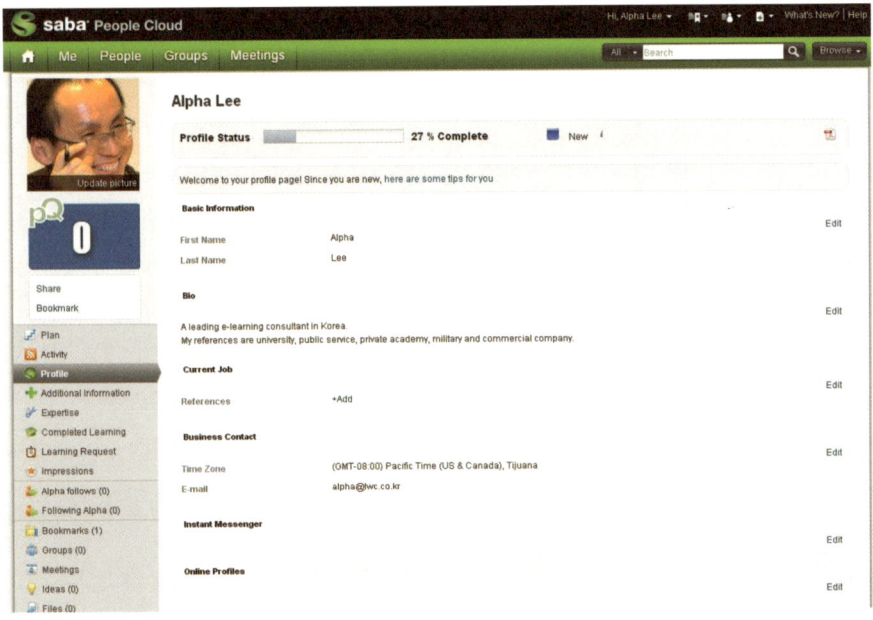

Saba People Cloud

소셜러닝 플랫폼이 무언가를 할 수 있다는 기대감을 가진 사람들이 자기만의 세계를 만들고, 여기에 시간이 조금만 더 주어진다면 이 사람들이 축적한 많은 데이터를 활용하는 인적 클라우드를 만들 수 있을 것입니다. 그래서 Saba는 People Cloud라고 명명하였을 것입니다.

　다소 자기만의 생각과 내용을 올려야만 하는 일들이 번거롭고 지속적으로 관리해야 하는 것이 필요하지만 소셜러닝 플랫폼으로부터 배울 수 있는 것은 불특정 다수를 위한 기계적인 콘텐츠보다는 전문가라는 사람들로부터 강의를 듣고 이를 다른 사람과 연결하고 공유하는 것입니다.

　아쉬운 사실은 Saba는 이를 유료로 운영합니다. 그래서 회원으로 가입하면 30일 Trial로 사용하라고 합니다. (그런데 가격 정책은 찾아볼 수가 없습니다) 전문가가 아니고 사명감을 가진 사람이 아닌 이상에는 얼마나 여기에 투자해서 소셜러닝 기능을 추가할 것인가에 대한 의구심은 있습니다. 불특정 다수에게 Trial을 제시하는 것은 다소 문화적으로 맞지 않는 것 같습니다.

넌 왜 뜬 구름 잡고 있니?

요즘은 구름으로 공부해요.

    SCORM은 1997년 미국 ADL(Advanced Distributed Learning)이 주관해서 만든 이러닝 표준입니다. IMS, AICC, IEEE 등 여러 기관의 표준을 참조해서 만든 참조모델이라고도 부릅니다. 그런데 SCORM Cloud는 무엇일까요? SCORM

Cloud의 흐름은 간단합니다. 회원 가입하고 콘텐츠를 업로드 하고, 다른 학습자들에게 링크를 보내고, 학습 결과를 확인하면 됩니다. 이렇게 간단한 흐름이지만 SCORM Cloud가 가지고 있는 내부적인 특징들은 훨씬 더 많습니다. 이러한 기능들을 잘 살펴봅시다.

- SCORM형 콘텐츠를 클라우드에 업로드
- SCORM Cloud 환경 내에서 학습하고 학습 이력 추적
- 클라우드로부터 SCORM 과정들을 여러분의 LMS/LCMS에 다운로드 기능
- 이러닝 포털, 학습 커뮤니티, 소셜러닝 플랫폼이나 솔루션, 그룹 등 다양한 곳에서 SCORM 지원 과정들을 수용
- 과정이 SCORM 2004를 지원하는지 검증
- 미래 가능한 서비스를 대비해 응용 프로그램과 통합 기능
- 무들(Moodle) 지원
- 제 3의 저작도구들과 같이 연계하여 콘텐츠를 개발하고 압축하여 클라우드에 업로드
- 클라우드 내에서 학습자들이 학습을 하면 이력을 리포팅하거나 타 LMS/LCMS에서 학습한 이력 보고서를 플러그인 된 모듈을 이용하여 가져올 수도 있고, 학습이력을 타 LMS/LCMS로 내보낼 수도 있는 기능

SCORM Cloud가 위와 같은 핵심적인 기능들이 가능한 이유는 API를 잘 활용하고 있기 때문입니다. 그래서 타 회사에서 만든 LMS와 연계가 가능하고 콘텐츠를 그대로 도입하여 활용할 수도 있습니다. 또는 이러닝 2.0 시대를 대비하여 Linkedin이나 페이스북과 이용할 수 있습니다. 예를 들어 Linkedin 내에 그룹에 속한 구성원들이 학습하려면 LMS는 아니지만 학습하여 리포팅 기능을 제시할 수 있습니다. 페이스북의 경우는 오히려 LMS의 기능처럼 활용

할 수도 있습니다. 추가적으로 여러분이 가지고 있는 이러닝 포털과도 연계할
수 있습니다.

SCORM Cloud는 Rustici사가 개발한 제품으로 SCORM으로 개발된 콘텐츠
를 활용하고 이를 데이터베이스화하여 클라우드로 발전시켰고, 전세계 어디에
서나 활용할 수 있도록 착안한 것이 매우 훌륭합니다. 위에서 언급한 바와 같
이 API를 잘 활용하여 다른 시스템과 연계를 원활하게 하는 매력이 있습니다.
  이 제품도 상업적인 목적으로 개발되었기 때문에 스토리지 용량과 수강등
록자 수에 따른 가격 정책이 있습니다. 기업도 돈을 벌어야 양질의 서비스를
제공할 수 있기 때문에 우리의 지갑을 열어야겠죠?.

You're just a few fields away from a new SCORM Cloud Account!

Already have an account? Sign in here.

Account Info

Email Address: *Used for Signin	
Password:	
Confirm Password:	

About You

First Name:	
Last Name:	
Company (optional):	

Account Type (click to select)

	Test Track	Storage Limit	Registrations	Overage Cost	Price	
The Trial	Included	100MB	10 active	-	Free	Select
The Little	Included	Unlimited	50 per month	$3.00	$75	Select
The Medium	Included	Unlimited	100 per month	$3.00	$150	Select
The Big	Included	Unlimited	300 per month	$0.33	$300	Select
The Bigger	Included	Unlimited	3,000 per month	$0.10	$1000	Select
The Even Biggerer	Included	Unlimited	60,000 per month	$0.075	$5000	Select

SCORM Cloud (출처: www.scorm.com)

05.
LMS 개발사들의 스마트러닝 지원

국내외를 막론하고 스마트러닝이 대세이기 때문에 시스템을 개발하는 회사는 자의든 타의든 스마트러닝을 지원하는 것이 반드시 필요합니다. 이러닝 서비스를 제공하는 이러닝 포털 기업이나 LMS 전문 개발사들이 고민하고 있는 기능들을 다음 두 회사의 사례를 통해 살펴보면 참고가 될 것입니다.

Sumtotalsystems의 Maestro

Maestro는 중소기업 단위의 학습관리를 지원하는 LMS입니다. Maestro가 LMS로 가지고 있는 기본적인 특징들은 대동소이하다고 볼 수 있습니다. 편리한 관리자 화면, 위젯 사용, API 활용성, 강력한 강사주도형 기능들입니다. 그 외에도 콘텐츠 저작도구 기능, 모듈 추가 기능 등을 활용할 수 있습니다.

Maestro가 가지고 있는 스마트러닝의 요소들은 다소 약하지만 API를 활용하여 타 시스템과의 연계를 추구하고 있고 소셜러닝 기능을 추가하였습니다. 소셜러닝의 경우에는 기대에 못 미치는 점들이 있습니다. 커뮤니티 생성, 토론방 공유, 메일과 웹을 통한 상호작용, 검색엔진 등이 있는데 이렇게 취약한 기능들을 보완하려는 듯 Maestro Player는 HTML5를 지원하여 다양한 브라우저를 지원합니다.

Blackboard

Blackboard의 경우는 전세계를 타깃으로 하는 글로벌 개발사 이름에 걸맞게 스마트러닝을 지원하고 있습니다. 별도로 모바일 러닝 센터를 구축하여 기능들, 사례들을 소개하고 있습니다. IOS와 안드로이드뿐만 아니라 블랙베리도 지원합니다. 앞서 설명 드린 내용 외에도 Blackboard Mobile 센터를 운영하고 있습니다. 이 센터를 좀 더 살펴보면 IOS를 지원하기 위한 SDK를 제공하고 템플릿과 문서도 제공합니다. 자사가 개발한 시스템과 쉽게 연동할 수 있도록 배려한 것입니다.

Blackboard가 추구하는 모바일 전략은 학습자 참여 확대와 학습 강화를 통한 상승 효과입니다.

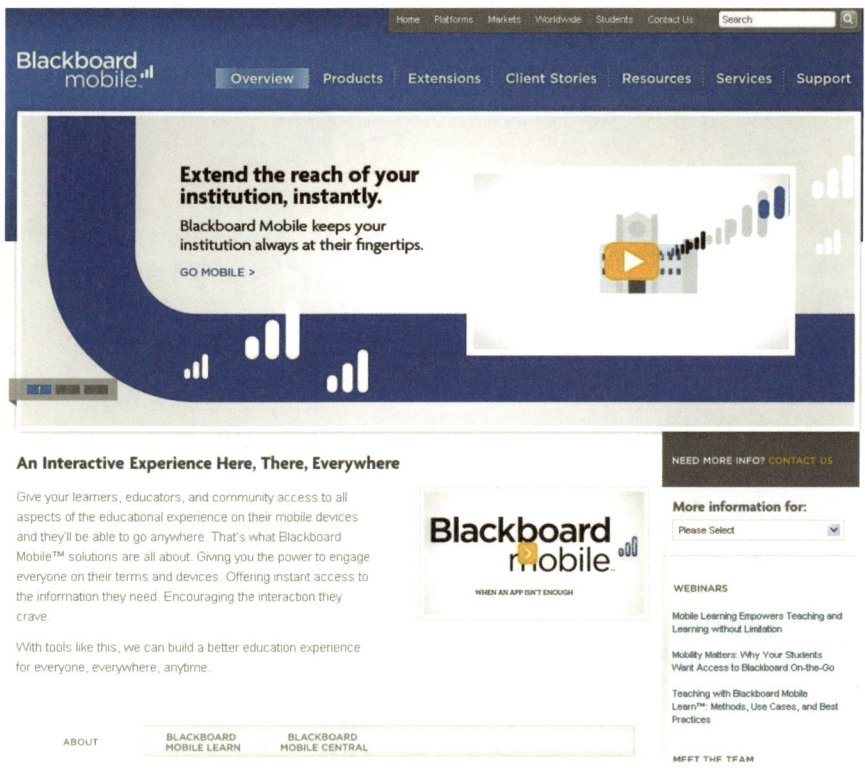

Blackboard Mobile 메인화면 (출처: http://www.blackboard.com/platforms/mobile/overview.aspx)

이상 두 개의 학습 플랫폼이 어떻게 스마트러닝을 지원하고 있는지 살펴보 았습니다. 이러닝 개발사나 서비스 회사들에게서 더 이상 기대하지 말아야 합니다. 국내의 내로라 하는 대형 이러닝 기업들이나 해외의 이러닝 기업들도 이러한 범주 안에서 크게 벗어나지 않습니다. 특히 이러닝 기업들의 규모가 커질수록 지원되는 스마트러닝의 범위는 스마트폰이나 태블릿을 지원하는 정 도에 그치고 있습니다. 오히려 중소기업의 형태를 띤 기업들이 특화된 서비스 를 내놓는 경향이 있습니다.

06.
다양한 앱/웹 스토어를 통한 스마트러닝

앱 스토어(App Store)는 애플이 처음 시도했다는 것은 누구나 알고 있습니다. 앱 스토어는 스마트 디바이스를 제대로 활용하기 위한 방안으로 착안되었고, 이것이 수익이 되는 시장으로 발전하였습니다. 앱 스토어는 스마트 디바이스를 개발하면서 그 환경이 새로운 운영 체제(Operation system) 역할을 하면서 발전하게 되었습니다. 이러한 앱 스토어가 점점 확장되고 있습니다. 처음에는 애플의 앱스토어만 존재했었습니다. 그 후 구글의 안드로이드 마켓인 구글 플레이가 개발되어 운영되고 있습니다. 애플은 이어서 맥OS를 사용하

는 데스크탑이나 노트북에서도 여러 앱들을 다운로드 받아 설치할 수 있도록 하였습니다. 그러면서 선두 경쟁에서 밀린 MS가 윈도우8을 출시하면서 데스크탑용 앱 스토어를 형성했습니다.

이제 구글에서 무료로 제공하는 브라우저 크롬(Chrome)을 다운로드해서 설치해보세요. 크롬 브라우저도 자체 앱 스토어와 유사한 웹 스토어(Web Store)를 형성하고 있는 사실을 알게 될 것입니다. 앱 스토어가 OS의 역할을 했었다면 이제는 브라우저가 웹 스토어를 형성하는 개념으로 변하고 있습니다.

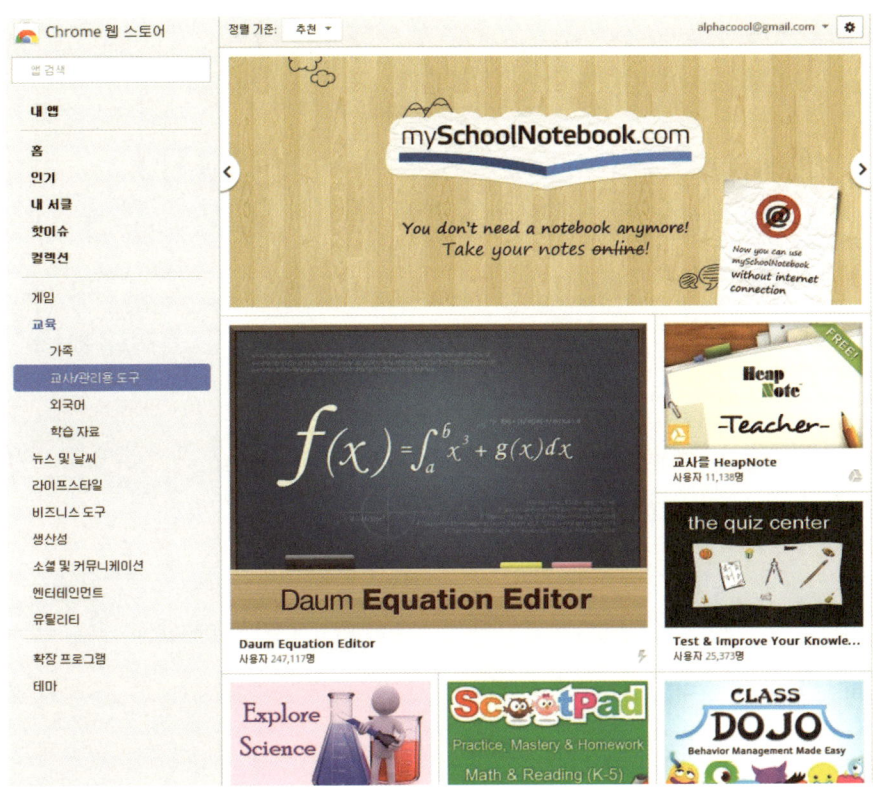

크롬의 웹 스토어(Web Store)

이러한 트렌드는 앱/웹 스토어내에 있는 교육분야 카테고리에서 누구나 좀 더 쉽게 프로그램을 다운로드 받아 활용할 수 있다는 것입니다. 스마트러닝 시대 중심에 있는 우리는 이렇게 다양한 응용 프로그램들을 어떻게 활용해야 할지를 고민해야 하겠습니다. 특정한 OS에 치중된 응용 프로그램들이 브라우저를 중심으로 한 영역으로 확대되었기 때문에 아주 쉽게 설치, 삭제할 수 있으며 활용할 수 있습니다. 이렇게 좋은 여건으로 제공된 기회를 잘 활용해야 하겠습니다.

앱/웹 스토어에 등록된 프로그램들은 독자적으로 설치해서 활용하는 것들이 대부분이지만 여러 학생들이 같이 할 수 있는 협력학습 프로그램들도 점차 늘고 있는 추세입니다. 이러한 응용 프로그램들의 확장은 SNS를 통해 공유가 되고, 결과를 실시간 인터넷을 이용하여 확인할 수 있습니다.

컴퓨터를 활용한 학습은 오래 전부터 이루어져 왔고 Computer Aided Learning(CAL)이란 용어로 사용되어 왔습니다. 그렇기 때문에 스마트러닝의 범주 내에서 외면되었던 것이 사실입니다. 그렇지만 이제 PC를 이용한 학습이 다양한 스마트 디바이스를 이용한 학습 못지 않게 다양한 기능을 가진 응용 프로그램들을 활용하고 있기 때문에 스마트러닝을 좀 더 확실하게 부각시킬 수 있으리라 예상됩니다.

이제 스마트폰이나 태블릿으로만 눈을 돌리지 말고 데스크톱 내에 있는 다양한 응용 프로그램을 활용하면서 학습의 즐거움을 만끽해보는 것은 어떨까요?

07.
IGCS

    IGCS는 Innovative Green Cloud-based education System의 약자로 대만의 ICT 주관 기관인 III (Institute for Information Industry)가 추진하는 클라우드 기반의 앱 빌더를 위한 개방형 교육 플랫폼입니다.

    IGCS가 추구하는 것은 콘텐츠와 플랫폼을 통합하고, ICT를 통해 교수와 학습 서비스에 필요한 자료들을 재빠르게 제공하여 교사나 학생들에게 서비스를 제공하는 것입니다. 그렇기 때문에 개방되고 탄력성 있는 서비스를 가지고 제 3의 프로그램들과의 개발을 끌어낼 수 있습니다.

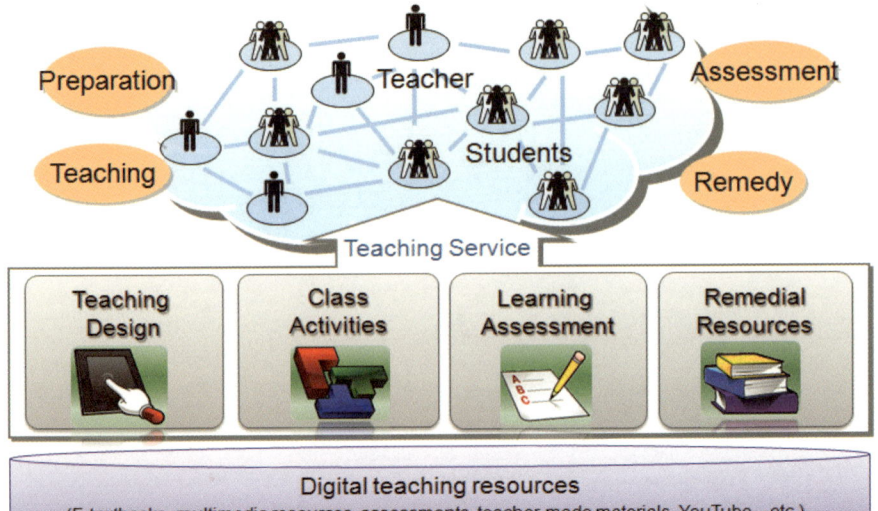

IIGCS의 개념도 (출처: 대만 III의 IMS Impact 발표자료)

IGCS가 추구하는 방향은 교수와 학습을 위한 철학을 가지고 있기 때문에 우리들도 본받을만 합니다.

- 교사를 위한 툴과 템플릿을 쉽게 제작
- 상태와 성적 트래킹을 지원하는 적응적 학습
- 쉽게 소프트웨어와 콘텐츠를 개발할 수 있는 개발형 서비스
- 스마트 태블릿, 스마트폰 등과 상호작용할 수 있는 빌트인 클래스(built-in class)
- 시공간을 초월한 접근성
- 교실 내 학습을 쉽게 지원
- 학교의 운영과 유지보수 비용 절감

IGCS가 가지는 관점은 6가지로 구분하여 운영될 수 있는데 이러한 관점들을 포함하고 있다는 것은 전국 단위로 관리를 하겠다는 의도로 해석되며 그 구상하고 있는 규모를 파악할 수 있습니다.

- 교사 관점: 학습 앱 활용, 퀴즈 활용, 트래킹 및 에러 분석, 유튜브 활용 등
- 학생 관점: 학습 교안, 실습 활동, 피드백, 평가 등
- 부모 관점: 부모용 앱 활용하여 소통
- 통합자(Integrator) 관점: 카테고리 세팅, 저작권 관리, e-book 자료 관리, 시험 문제 관리 등
- 학교 관리자 관점: 교실 관리, 교사 계정 관리, 학생 및 학부모 계정 관리 등
- 시스템 관리자 관점: 시스템 계정 관리, 과목 관리, 학교 관리 등

이 IGCS는 이미 타이페이(Taipei) 내 초등학교에서 3년 동안 시범적으로 운영되어 왔고 125개 학교들에게 소개되었습니다. 클라우드 사용이라는 전제 사항이 있기 때문에 인터넷이 원활하지 않은 지역에서는 쉽지 않은 문제들이 존재합니다. 향후 이 플랫폼을 점차적으로 확대시켜 나갈 계획을 가지고 있으며, 이를 글로벌하게 활용하기 위해 다국어 지원도 하고 있습니다.

이미 대만의 K-12 과정에 적합하게 구성된 5만 개의 코스가 탑재되어 있으며 평생학습도 가능하도록 구성되어 있습니다.

대만의 이러한 노력들이 조만간 큰 성과로 나타나기를 기대합니다.

08.
IVECA

　탄자니아의 어느 마을에 있는 학교 학생들과 미국 뉴욕 시내에 있는 학교 학생들이 실시간으로 같이 수업을 한다면 어떨까요? 이러한 상상력이 아마도 IVECA를 출범시키지 않았을까 싶습니다. IVECA는 Intercultural Virtual Exchange of Classroom Activities의 약자로 국제 가상학교라고 명명합니다. ICT를 기반으로 국제 문화간 교실활동 교류 프로그램입니다. 다시 말해 인터넷상의 공통 교실을 통해 서로 다른 나라의 학생들이 협력하여 학습하고 함께 어울릴 수 있는 프로그램을 활용하여 교육과정 내에 활용하고 융합시킨

국제화된 학교 교육입니다.

IVECA는 다음과 같은 단계로 운영합니다.

1. 파트너 학교 연결

2. IVECA 가상교실 마련

3. 교사 연수

4. 맞춤형 국제 통합교육과정 계획

5. 지속적인 지원과 컨설팅

6. 학생의 문화이해 적응능력 발달 측정

주제 안내

동기 유발

학생 협동 학습

교사의 피드백, 격려 조력

프로젝트 및 문제해결활동

학습내용의 학급내 공유

학습내용 국제교류
및 국제 협력학습

IIVECA 학습과정 (출처: IVECA 홍보자료)

미국 뉴욕에 있는 학교 학생들과 탄자니아의 어느 마을에 있는 학교 학생들이 같이 수업을 한다면 아이디어만으로도 흥분되는 일입니다. 그렇지만 현실적으로 시차 문제나 언어 문제가 있기 때문에 화상수업을 직접적, 전면적으로 강조하고 있지는 않습니다. 오픈소스 기반 LMS인 무들을 활용하고 있으며 주어진 주제에 따라 학생들이 댓글을 달거나 의견을 다는 등 아주 간단한 활동부터 시작하게 됩니다. 그러한 활동들이 어느 정도 안정화되면 시간을 정해서 실시간으로 양쪽 학교 학생들이 만나서 화상 수업을 할 수 있게 됩니다.

IVECA는 미국과 같은 선진국뿐만 아니라 인프라가 좋지 못한 여러 나라의 학교들과 교류를 목적으로 하고 있기 때문에 안정적인 인프라를 제공받는 전제조건을 고려하고 있습니다. 그러한 환경하에서 협력학습을 통한 학생들의 문화 교류를 목적으로 하고 있습니다. 최신의 기술과 스마트 패드와 같은 고가의 장비를 사용하지 않더라도 진정한 학습의 본질을 이해하고 이를 수업에 적용하고 있습니다.

이러한 문화교류 수업을 통해 학생들은 어떤 효과를 얻었을까요? IVECA에서 제공한 자료에 의하면 아래와 같은 효과를 거뒀습니다.

- 문화간 이해적응 능력 및 인성 함양
- 언어 학습 효과
- 국제 문화간 이해적응 및 의사소통 능력 향상
- 학습범위 확대와 창의적인 문제해결 능력 신장
- 학교 학습에 대한 흥미와 동기 유발

IVECA를 보면서 스마트러닝에 대해 다시 생각해봅니다. 클라우드, 스마트 폰, HTML5와 같은 기술 및 인프라를 사용하지 않더라도 진정한 학습의 목표를 달성하고 이를 공유하고, 학습하는 과정에서 서로 협력하여 돕고, 문화 차이를 이해하는 커뮤니케이션을 한다면 이러한 학습목표를 달성하는 것 자체가 스마트러닝이 아닐까 생각해봅니다.

09.
Interactive 3D V-pod Sensory Unit

병원 가는데 왠 3D 안경이야?

이게 치료제야.

    상호작용이 있는 3D V-Pod 센서 유닛(이하, 3D V-Pod)은 3D 모니터를 통해서 등장하는 3D캐릭터 하마와 꼬마 환자가 놀면서 시간을 보내는 사이에 의사와 간호사는 꼬마 환자를 처치합니다. 3D캐릭터 하마와 시간을 보내게 해서 꼬마 환자의 고통을 분산시킵니다. 대상자는 주로 나이가 어린 환자들입니다. 3D 편광 안경을 쓰고 자이로센서 마우스를 공간에 대고 움직이면서 모니터에서 나오는 풍선과 캐릭터들과 놀게 됩니다. 실감을 위해 실제로 물방울 만드는 키트도 컴퓨터에 연결되어 어린 환자들이 체감하는 효과를 가져옵니다.

제품의 주요 구성들은 아래와 같습니다.

- 3D 스크린
- 상호작용 오디오 및 부는 센서(Blower sensor)
- 손에 쥐는(Hand-held) 상호작용 자이로
- 자이로 충전기
- 3D 편광 안경
- V-Pod 조정 PC

제품 구성 중에서 특히 자이로 마우스를 활용하는 것이 눈에 띕니다. 환자는 자이로 마우스를 손에 쥐고 3차원 공간으로 움직이면서 스크린에서 나오는 캐릭터들과 상호작용을 합니다. 이러한 자이로 마우스는 향후 스마트러닝에서 많이 활용할 수 있는 장치입니다.

이러한 제품과 더불어 여러 종류의 콘텐츠들을 포함하고 있습니다. 여행을 떠나서 귀여운 하마와 친구들과 놀거나, 물개랑 놀기도 하고, 알라딘의 마법 카페트와 모험을 떠나기도 합니다.

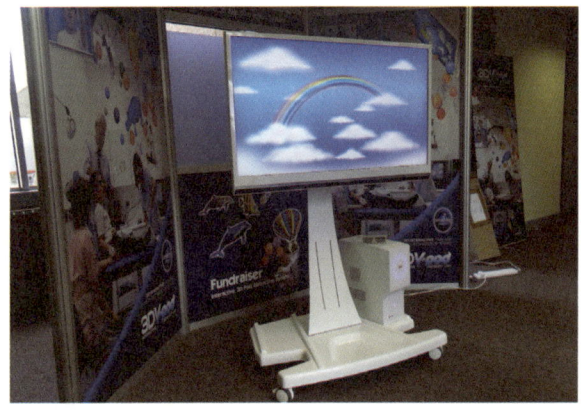

Interactive 3D V-pod Sensory Unit

스마트러닝의 중심은 CoP라고 언급한 바 있습니다. 즉, 사람이 중심이라는 것입니다. 3D V-Pod는 직접적인 학습을 하지는 않습니다. 그렇지만 3D 콘텐츠와 즐겁게 놀면서 치료를 받습니다. 그러면서 고통도 분산시킵니다. 이러한 아이디어를 기반으로 콘텐츠와 현업, 또는 학교 내에서 액티비티(Activity)를 활성화시킬 수 있는 아이디어를 얻을 수 있기를 기대합니다.

10.
Tin Can API

Tin Can은 빈 깡통 두 개를 선으로 연결하여 무전기처럼 사용하는 것을 의미합니다. Tin Can API는 널리 사용될 수 있는 학습 기술 명세로서 온라인이나 오프라인에서 일어나는 모든 경험의 세상을 열어준다고 볼 수 있습니다. 이 API는 학습 경험이 일어나는 학습 활동을 캡쳐합니다. 넓은 범위에서 이 시스템은 이러한 학습활동을 캡쳐하는 단순한 단어(Vocabulary)와 상호교류 할 수 있는 것입니다.

Tin Can API 개념 (출처: www.tincanapi.com)

사실 전문가가 아니라면 SCORM의 명세를 이해하고 적용하기에는 어려움이 많습니다. 그렇지만 Tin Can API는 간단하면서도 탄력적입니다. 모바일 러닝, 시뮬레이션, 가상 세계, 게임, 실세계 활동, 실험적 학습, 소셜러닝, 교실 학습, 협력학습에 이르는 다양한 경험들이 인식되고 이 API를 통해 커뮤니케이션 됩니다.

그럼 Tin Can API는 어떻게 이루어지는 것일까요?

- 사람들은 다른 사람, 콘텐츠 그리고 더 많은 다른 대상으로부터 배웁니다. 이러한 활동은 어떤 장소에서 일어나게 되고 학습이 어디에서 일어나는지에 대한 이벤트를 낳게 됩니다. 이러한 모든 것들이 Tin Can API를 이용하여 저장됩니다.

- 학습활동이 저장되어야 할 때에는 응용 프로그램은 "명사, 동사, 목적어", 또는 "내가 이것을 했습니다"등의 형태로 학습 기록 보관소(Learning Record Store, LRS)에 전송합니다.

- LRS는 만들어진 모든 문장을 저장합니다. LRS는 이 문장들을 다른 LRS들과 공유합니다. LRS는 LMS 내에 존재할 수 있습니다.

Tin Can API가 가지는 몇 가지 자유로움(freedom)이 존재합니다.

- 문장의 자유로움: 명사, 동사, 목적어를 사용하는 문장들을 이용하여 모든 활동을 기록합니다.
- 과거 기록(History) 자유로움: LRS간에 대화가 가능합니다. LRS간에는 데이터와 표현들을 공유할 수 있고, 당신의 경험을 다른 LRS에서 팔로우(follow)할 수 있습니다. 개인은 개인별 정보를 담을 수 있는 락커(locker)를 가질 수 있습니다.
- 디바이스의 자유로움: 스마트폰, 시뮬레이션, 게임 등 다양한 디바이스로부터 Tin Can API는 문장을 보낼 수 있습니다. 그렇다고 항상 인터넷에 연결될 필요는 없고 가끔 연결만 되어도 좋습니다.
- 업무 흐름의 자유로움: 학습 추적 때문에 온라인으로 된 LMS가 시작되거나 종료되지 않습니다. 학습자가 오프라인에 있다가 온라인이 되면 어떤 디바이스를 사용하더라도 학습 시작 정보를 전달할 수 있습니다. 그러므로 콘텐츠가 반드시 LMS에 종속되어 있지는 않습니다.

Tin Can이라고 불리는 이유는 양방향으로 대화가 이루어지기 때문입니다. 일방적인 방식의 강사주도형도 아니고 주어진 콘텐츠에 종속적이지도 않습니다. 이러한 흐름들을 알고 있기에 콘텐츠나 솔루션을 개발하는 회사들이 Tin Can API에 관심을 가지고 시스템에 반영하고 있는 추세입니다.

다른 분야도 마찬가지이겠지만 스마트러닝에서도 시간이 흐를수록 표준이 필요하게 됩니다. Tin Can API는 스마트러닝에 있어 경험을 중요하게 생각하고 디바이스에 종속되지 않기 때문에 SCORM 이후에 가장 주목할만한 표준으로 자리매김을 할 것으로 기대됩니다.

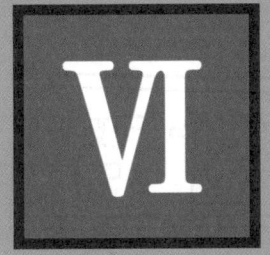

VI

스마트러닝 컨버전스

e-Training

e-Training은 '업무에 필요한 수행능력을 습득, 향상시키기 위하여 정보통신 기술(시뮬레이션, 3D기술, 증강현실 등), 디바이스(HMD, PDA, IPTV, e-book 등), 환경(장비, 인터넷, 유비쿼터스 환경 등)을 활용하여 실시하는 교육 훈련'입니다. 업무 능률을 향상시키기 위해 최첨단 기술을 접목시켜 제조업과 같은 기존 산업에 적용시키는 융합 산업입니다.

e-Training에 활용할 수 있는 요소들은 콘텐츠, 이러닝 상용화 기술, H/W 및 인프라, 디바이스, 네트워크로 구성되어 있습니다. 각각의 요소들을 살펴보면 원천기술을 새롭게 개발하는 것은 아니고 기존에 개발된 기술들을 잘 활용하는 방면으로 기술되어 있습니다. 즉, 다양한 기술들을 활용하여 사용의 편리성과 업무 효율을 극대화하는 것에 초점을 두고 있습니다.

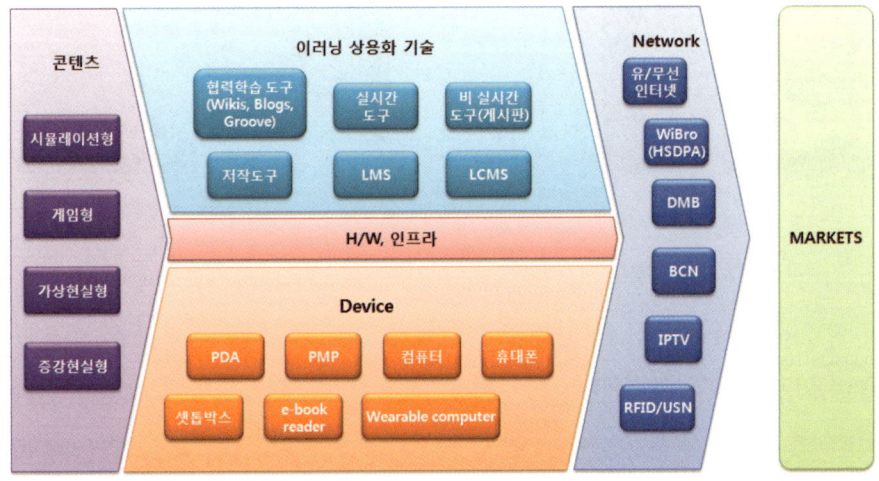

e-Training 요소들 (이미지 출처: NIPA)

e-Training은 2009년 신성장 산업 분야의 하나로 기획되었고, 컨설팅을 통해 이에 관한 여러 사례들을 발굴하였고, 국내에서도 여러 차례 사업들이 시도되었으며, 프로토타입으로 개발하기도 했습니다. 기존에 적용된 분야들도 해외에서는 외과 수술 훈련, 중장비 운전 실습, 자동차 정비, 항공 시뮬레이션, 전투 시스템 시뮬레이션 등이 조사되었고, 국내에서는 선박도장 훈련, 주물, 열처리 기술, 공격헬기, 소방 훈련 시뮬레이션, 용접 시뮬레이션 등이 이루어졌습니다.

현재 이 사업은 스마트러닝지원센터를 통해 진행 중에 있습니다.

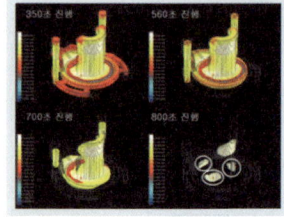

1) 국내사례 1 : 선박도장훈련 시뮬레이션

2) 국내사례 2 : 주물, 열처리 기술의 지능형 Expert System 개발

3) 국내사례 3 : 가상현실 기기를 이용한 공격헬기 훈련

4) 국내사례 4 : 가상현실 기반 소방훈련 시뮬레이터 시스템

e-Training 국내 사례들 (이미지 출처: NIPA)

e-Training이 적용될 수 있는 분야는 무궁무진합니다. 어느 분야에서도 적용이 가능하며, 스마트러닝 환경에도 적합하게 이용될 수 있습니다. 아직 시장이 형성되지 않았고, 특정 분야에서만 시범적으로 활용되고 있지만 지속적인 투자와 사례 발굴, 시범 사업을 통해 시장이 확산된다면 향후 수출 산업으로도 크게 성장할 수 있는 분야입니다.

e-Training과 스마트러닝은 매우 밀접한 관계를 형성하고 있습니다. e-Training은 기본적으로 이러닝 콘텐츠를 기반으로 기초학습을 진행하고, 간단한 실습을 합니다. 그리고 난 후에 시뮬레이터와 같은 장비나 프로그램을 이용하여 현장과 유사한 환경 하에서 실습을 하게 되어 있습니다. 그러므로 학습 과정에서 이루어지는 콘텐츠 활용 방안이나, 학습 이력 추적, 다양한 단말기를 이용한 실습 등 스마트러닝에 좋은 사례들로 활용될 수 있습니다.

e-Training은 필자가 컨설팅부터 참여하여 서비스모델도 개발해봤고, 시범 사업으로 제품을 개발하는데 참여하기도 하여 많은 관심과 열정을 가지고

있는 분야이기도 합니다. 이 사업을 진행해오면서 겪는 어려움들은 제조업과 같은 기존 산업과 융합을 시도하는 사업이기 때문에 기존 산업에 종사하는 종사자들이 신기술을 받아들이는데 생기는 어려움들을 쉽게 극복하지 못하는 것과, 대규모 투자 비용이 필요하기 때문에 기술을 보유하고 있는 기업들도 선뜻 투자해서 기술을 구현하려 들지 않는 것입니다. 앞으로 e-Training이 융합 산업의 핵으로서 활성화되길 기대해 봅니다.

영화 보니?

지금 집에 있는
로봇과 교신중이야.

    2012년 12월에 한국로봇산업협회와 한국이러닝산업협회가 MOU를 체결하고 로봇 산업과 이러닝 산업 분야의 협력을 다짐하고 이와 관련한 신규 사업들을 2013년도에 진행하기로 했습니다. 상호간의 협력을 통해 얻을 수 있는 시너지 효과 때문입니다. 로봇 산업분야에서는 하드웨어 중심으로 이루어져 온 산업에 콘텐츠를 확보하고 양질의 서비스를 제공할 수 있게 되었고, 이러닝 분야에서는 큰 시장 형성의 가능성을 가진 로봇 산업과의 연계를 통해 많은 기회 요소와 다양한 분야로의 확대가 가능하기 때문입니다. 학습의 측면에서 보면 로봇 회사들이 개발한 로봇에 탑재된 콘텐츠들은 로봇 관점에서 구성되었기 때문에 다소 약한 면들이 있습니다. 이러한 약점을 이러닝 측면에서 다양한 방식의 콘텐츠와 접근 방식을 통해 교육의 효과를 높일 수 있는 시너지 효과를 기대할 수 있습니다.

로봇과 이러닝의 접목 가능성을 볼 수 있는 사례들은 몇 가지가 있습니다. 기존 로봇을 개발하는 유진로봇이나 로보웨어와 같은 회사들이 학습의 내용을 담고 있고 상호작용을 하는 로봇을 출시하여 판매하고 있기도 하지만 SK텔레콤, KT와 같은 통신사들도 로봇 시장에 적극적으로 진입하여 시장을 형성하고 있기 때문입니다.

KT는 키봇2를 출시하였는데 키봇2는 종합선물세트와 같은 다양한 기능과 센서를 활용하고 있고 많은 콘텐츠들을 탑재하고 있습니다. 이 정도면 집안에서 다양한 활동을 할 수 있고 유치원에서도 로봇을 이용하여 학습할 수 있겠다는 생각이 들 정도입니다. 반면 SK텔레콤이 개발한 알버트는 비교적 간단한 로봇이지만 스마트폰과의 연계가 특징적입니다. 로봇 앞에 스마트폰을 이용하여 콘텐츠가 구동되고 스마트폰의 블루투스 통신을 이용하여 로봇을 제어합니다. 알버트는 향후 다양한 콘텐츠를 탑재할 수 있는 마켓을 형성하도록 구성되어 있어 확장성에 있어서는 훨씬 좋은 개념이라고 평가할 수 있습니다.

로봇은 자체가 여러 통신 기술들을 활용하고 학습용 콘텐츠들을 보유하고 있기 때문에 움직이는 스마트러닝 자체라고 볼 수도 있습니다. 그리고 확장성에 있어서도 스마트러닝이 추구하는 방향과 일치합니다.

로봇과 이러닝의 융합은 서로간에 이익을 낼 수 있는 여건들을 가지고 있기 때문에 많은 관심이 가고 기대가 됩니다. 앞으로 5년 안에 학습을 돕는 로봇이 우리 손안에 활용될 수 있으며, 그 로봇의 도움을 받아 우리의 일상생활이 더욱 편리해질 수 있으리라 기대해 봅니다.

로봇 사례들 (출처: 스마트러닝 포럼 발표자료(2012. 12))

03.
골프존 아카데미

골프는 더 이상 상위층만을 위한 스포츠가 아닙니다. 골프가 대중화를 이룰 수 있었던 계기는 스크린 골프 덕입니다. 그리고 골프를 할 때 훈련 프로그램을 통한 반복적인 학습이 가능하다는 것을 재확인한 것은 골프존 아카데미를 알고 난 이후부터입니다.

골프존 아카데미를 실제 활용해 보면, 데스크에서 RFID 카드를 이용하여 로그인하면 타석을 배정받습니다. 타석에서 아이언을 골라 플레이트에 올라서면 샤프트에 끼워진 RFID를 인식하여 시스템은 자동으로 골프채의 종류를 인식합니다. 메인 화면은 드라이빙 레인지, 숏게임, 챌린지, 미니라운드, 필드연습으로 되어 있습니다. 이 중 드라이빙 레인지 메뉴로 먼저 몸을 풉니다. 타구 하나씩 칠 때마다 타구의 속도, 방향성, 임팩트, 궤도 등 다양한 기능들을 스크린에서 확인할 수 있습니다. 기존 그물망이라고 하는 전통방식의 실내 연습장에서는 내 타구를 보거나 분석할 수 없지만 이 시스템에서는 자기의 타구를 분석할 수 있습니다.

자신의 자세에 대한 의구심이 들 때에는 연습하는 동안 촬영된 동영상을 플래이트상에서 재생시켜보고 자세 교정을 할 수 있습니다. 이러한 몇몇 나스모 동영상은 서버에 전송되기 때문에 집으로 돌아가 다시보기 할 수도 있습니다. 특히, 프로의 자세와 내 자세를 동시에 띄워놓고 비교할 수도 있어 정교한 분석을 할 수 있습니다.

나스모 분석 나스모를 통해 회원님의 스윙 모습을 분석해보세요.

프로의 스윙과 자신의 스윙을 비교 분석

기초적인 연습이 끝나면 숏게임을 할 수 있습니다. 30m에서 120m 사이의 거리에서 본인이 스스로 조절하며 자신의 취약한 어프로치에 관해 계속 연습할 수 있습니다. 이러한 숏게임 연습을 통해 필드 대비도 합니다.

프로그램은 게임요소도 있는데 챌린지 모드가 그것입니다. 이 모드는 티샷, 피치샷, 칩샷으로 구분되어 골프채를 가지고 참여하는데 한 단계씩 통과할 때마다 난이도가 높아지고 본인의 레벨도 높아집니다. 그리고 자신의 점수는 전국 단위로 순위가 매겨집니다. 이러한 기초 연습들이 끝나면 혼자 스스로 미리 라운딩을 할 수 있습니다. 미니 라운딩은 골프존이 보유하고 있는 많은 CC 중에서 5개를 선정하여 파3, 파4, 파5를 하나씩 선정하여 3개 홀을 라운딩 할 수 있습니다. 본인이 원한다면 1시간 내내 라운딩만 할 수도 있습니다. 그렇지만 3개 홀만 제시되기 때문에 전체 라운딩은 아니라는 점도 유의해야 합니다. 미리 라운딩은 앞서 연습한 성과를 실제로 필드에서 연습하는 것이 됩니다. 이렇게 재미있게 혼자서도 연습과 라운딩을 동시에 할 수 있습니다. 이 외에도 많은 기능들이 있으니 한번쯤 해 볼만 합니다.

골프존 아카데미 메인 메뉴

이러닝을 직업으로 하다보니 골프존 아카데미에서 운동을 할 때마다 이러닝은 이렇게 해야 하는데 라는 생각을 종종 하게 됩니다. 육체적인 운동도 하면서 정교한 시뮬레이션을 통한 훈련이 이루어지기 때문입니다. 재미 요소도 포함되어 있고, 실전 훈련도 가능하도록 되어 있습니다. e-Training의 실질적인 장점은 집중적으로 훈련해야 할 내용들을 반복적으로 하는 것입니다. 이럴 경우 부족한 역량을 강화할 수 있기 때문입니다. 골프존 아카데미의 프로그램은 e-Training이 추구하는 방향과 매우 흡사합니다.

　러닝, 즉 배움이란 것은 반복적인 과정을 통해 얻을 수 있고, 언제 어디서나 다양한 디바이스를 이용해 피드백을 받아야 합니다. 그것이 스마트러닝의 정신입니다.

04.
감성을
활용한 학습

음악 듣는구나?

내 뇌파로 여자 친구를 꼬시는 중이야.

　감성(emotion)은 기준이란 것이 없습니다. 동일한 인물이라 할지라도 뇌파를 이용하여 상태를 측정해 보면 날씨에 따라 컨디션에 따라, 앞에 있었던 상황에 따라 각각 결과가 다르게 나오기 때문입니다. 반면에 감성은 또한 뇌에 흐르는 전기적인 신호를 디지털 신호로 변환하여 측정해야 하기 때문에 노이즈가 발생하는 경우도 많고, 측정 센서에 따라서 부정확하게 나오기도 합니다. 최근에 들어서는 감성을 디지털로 변환하여 학습의 집중도, 이완, 졸림 등을 측정할 수 있게 되었고, 이를 학습에 적용하려는 시도가 있었습니다. 산업통상자원부 주관 R&D 과제에서 감성기반 상호작용 플랫폼을 개발한 사업이 바로 그것입니다.

학습자의 특성을 사전에 측정하여 분류를 하는데 분류하는 방법은 MBTI나 다중지능을 측정하는 방법을 사용했습니다. 뇌파에서 발생하는 알파파, 베타파 세타파, 감마파 등을 비교 분석하여 집중, 이완, 부하, 주의, 좌뇌활성, 우뇌활성, 좌우불균형 등의 지표 값을 만들어 활용할 수 있게 되었습니다. 그래서 학습자가 현재 집중하면서 학습을 하고 있는지 아니면 부하가 많이 걸려 있는 상태인지를 측정하여 게임기반 학습으로 전환시키거나 주위를 정리하고 난 후에 학습을 재개하도록 하는 스토리를 구성할 수 있게 되었습니다.

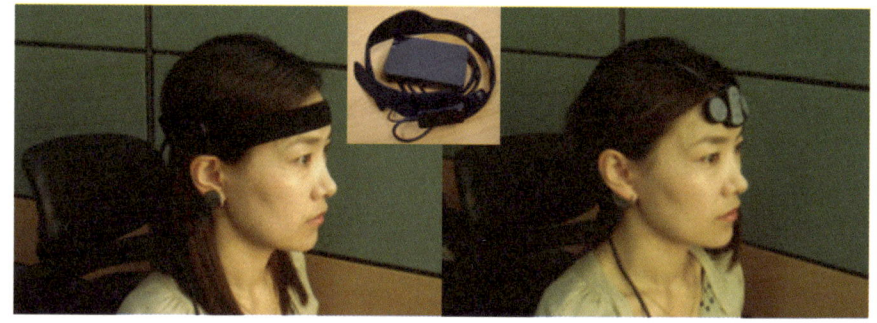

뇌파측정 헤드셋(자료제공: 락씨)

또한 시스템적으로는 학습자 정보, 학습 정보, 뇌파 정보 등의 메타데이터를 분류하고 학습상황에 따라 추천하는 알고리즘을 적용하여 개인에 적합한 학습을 제안하도록 설계하였습니다. 이를 정교하게 만들기 위해 수백 명의 학습자 집단을 실험하여 수집된 데이터들을 데이터베이스화하여 실제 학습에 활용하도록 하였습니다. 다만 뇌파를 사용하여 측정하는 문제로 다소 노이즈가 발생하고 감성의 변화가 때에 따라서 다르게 나타나기 때문에 어려움을 나타내기도 합니다.

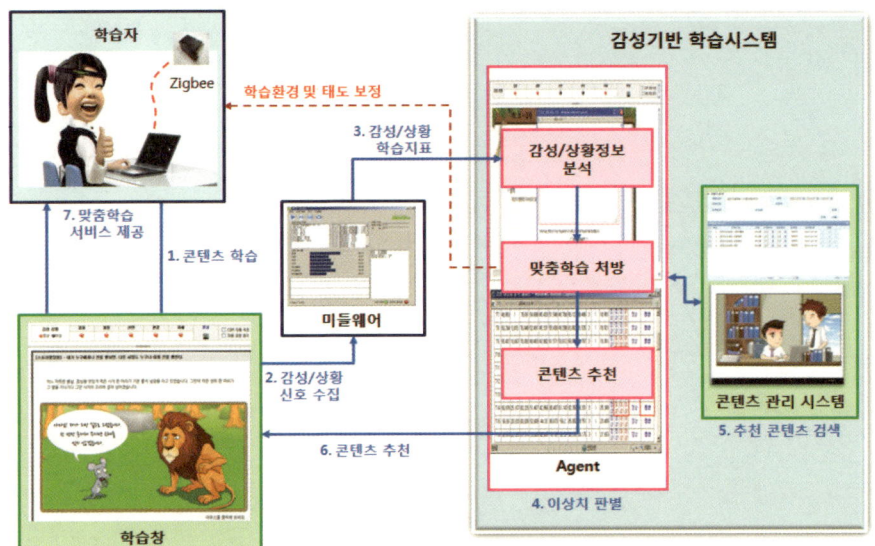

감성기반 학습 시나리오 (출처: 원천기술개발과제 발표자료)

스마트러닝에서 활용하는 데이터는 모니터에서 재생되는 정적인 데이터만을 활용하지 않습니다. 뇌파와 같이 동적이고 다변하는 데이터들을 활용하기도 합니다. 오히려 스마트러닝에서 활용되는 디바이스들의 도움을 받아 다른 상황에 놓여 있는 데이터들을 쉽게 수집할 수 있습니다. 그렇기 때문에 스마트러닝은 완성된 콘텐츠만을 사용하기도 하지만 먼 미래를 바라보고 예상 가능한 학습 데이터들을 수집, 분석하는 데에도 활용되고 있음을 감성기반 학습을 볼 때 이해할 수 있게 됩니다.

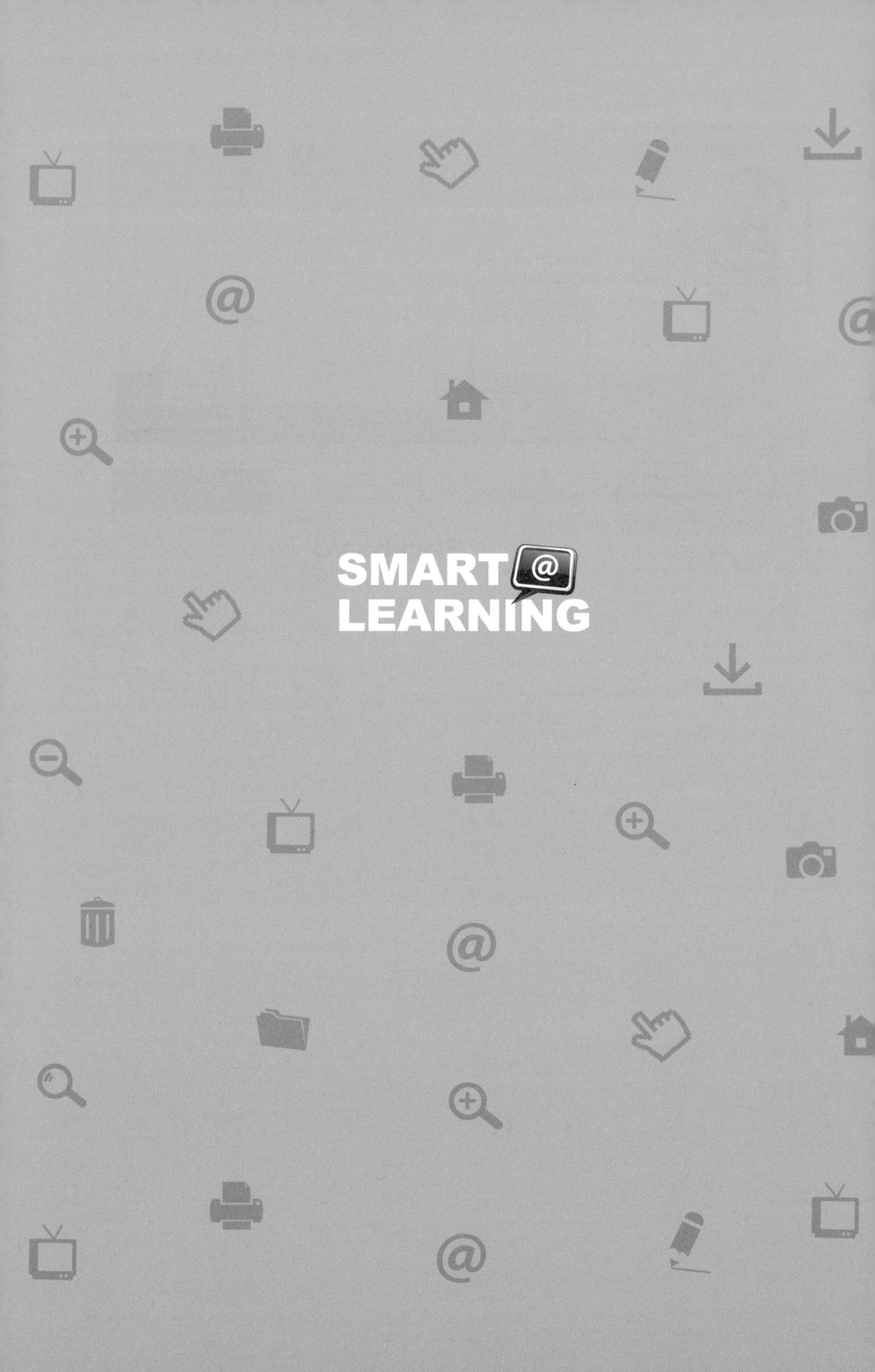

VII

기타 유용한 자료들

01

스마트러닝산업지원센터

산업통상자원부는 5년간 스마트러닝을 지원하기 위해 2012년부터 5년간 210억 원을 투입하여 스마트러닝 지원센터 사업을 추진 중에 있습니다. 이 센터는 현재 일산 킨텍스 사무동 건물에 2개 층으로 구성되어 있습니다. 평가를 통해 이 센터에 입주한 기업들은 저렴한 비용으로 사무실을 활용하고 있고 센터가 구축한 스마트러닝 플랫폼은 국내 어떤 기관이나 기업들이 스마트러닝을 체험하고 콘텐츠를 테스트 베드 형태로 시험하고자 할 때 무료로 활용할 수 있습니다. 또한 센터에서는 스마트러닝과 관련한 콘텐츠를 개발하여 스마트러닝의 확산을 위해 노력하고 있습니다. 이 외에도 스마트러닝과 관련한 해외 진출 사업들을 지원하는 사업이 있기 때문에 해외에 수출을 준비 중인 업체들에게는 희소식이 아닐 수 없습니다.

스마트러닝산업지원센터 현판

이 센터에 입주한 업체들의 구성을 살펴보면, 이러닝 관련 업체들, e-book 및 출판 업체들, 로봇 관련 업체들로 구성되어 있습니다.

　이 외에 산업통상자원부는 스마트러닝 활성화를 위해 분기별로 스마트러닝 포럼을 개최하여 스마트러닝에 관한 흐름을 공유하고 서로간에 배울 수 있는 장을 마련하고 있습니다. 본 책에서 소개되었던 내용들과 앞으로의 방향성에 대해 배울 수 있는 기회를 이 포럼은 제공합니다.

02.
스마트러닝 관련 뉴스 제공 사이트

스마트러닝에 관한 뉴스와 정보를 다루는 사이트가 있다면 얼마나 좋겠냐는 생각을 했었습니다. 여러 자료들을 조사하는 과정에서 발견된 Smatoos.com은 바로 이런 기대를 갖게 해주었습니다. 내부 메뉴들과 정보들을 살펴보면 아직까지는 부족한 면들이 많기는 하지만요. 미국 원 사이트는 www.smatoos.com이고 한국 사이트는 kr.smatoos.com 입니다. 두 개의 사이트는 미러 사이트로서 기능들이 동일합니다. 이 사이트에서 다루는 내용들은 주로 교육적 측면에서 앱을 주로 다루고 있습니다. 국내 사이트에서는 여러 기사들도 다루고 있고 특정 회사를 대상으로 인터뷰 내용도 실려 있습니다.

스마트러닝의 범주나 내용이 많고 다루어야 할 내용들이 많이 있어서 이러한 영역들을 다루기에는 다소 부족함이 있지만 교육적인 앱을 선정하는 측면에서 도움이 될 것으로 보입니다.

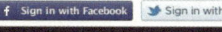

f Sign in with Facebook   t Sign in with twitter

SMATOOS
스마트러닝 가이드
Smart Education, Smart People, Smart World
The Smart Learning Guide

Follow us :   f t RSS
Search in site

교육용 앱차트 ▾   앱스토어 뉴스 ▾   개발사 인터뷰   외국어 학습 앱 리뷰 ▾   교육용 앱 리뷰 ▾   영유아용 앱 리뷰 ▾   디지털 교육 정보 ▾   오늘의 이벤트

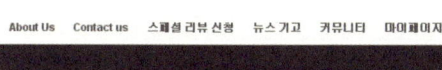

앱 뉴스	새로나온 앱	스마투스 CHOICE	분야별 BEST APPS
페이스북이 앱스토어를? 페이스북 앱 센터(App	[앱 리뷰] 바로 그 표현을 영어로!?...	[앱리뷰] 놀이로 배우는 숫자, 쑥쑥...	좋은 학습지? 이제는 디지털 학습지로!...

내 손안에 펼쳐지는 어학도우미,
BeNative Apps가 옵니다. 2013.3   for KaKao   BN BE NATIVE!

스마투스 차트가
좋은 이유!

[앱리뷰] 3박 4일 도쿄에서 배우는 여행 일본어!
롤플레잉일본어 – 도쿄 여행편

새로운 앱 뉴스 여행과 언어는 닭과 달걀의 관계가 아닐까 언어를 배우다 보면 그 나라에 가고 싶고, 어떤 나라에 관심을 갖다 보면 그 언어를 배우고 싶어진다. 아무래도 여행과...

Tweet 0   Like 0   No Comment / Read More

모글루 크리스마스 캐롤 인터렉티브 전자책으로 출시

SPECIAL REVIEW 인터렉티브 이북 플랫폼, '모글루' (대표 김태우, www.moglue.com)는 애플 앱스토어에 찰스 딕킨스의 "크리스마스 캐롤 – 스

[앱 리뷰] 바로 그 표현을 영어로!? – 당신이 궁금한 우리말 잉글리쉬: 일상표현

SPECIAL REVIEW 넝쿨당이 유행이었다면 이 앱은 '당굼앙'이라고 불러야 할까 길기도 긴 '당신이 궁금한 우리말, 잉글리쉬, 일상표현' 이라는

Tweet 0   Like 2

[앱리뷰] 놀이로 배우는 숫자, 쑥쑥 숫자놀이 HD

출시 장난감 형아소프트의 대표 앱이라 할 수 있는 쑥쑥 시리즈 이미 한글따라쓰기는 스마투스의 BEST 한글 학습 앱에서...

Tweet 1   Like 3

[앱 리뷰] 우리 아이 생활습관, 라라처럼만! – 라라의 생활습관

출시 장난감 어른들에겐 간단한 일상인

sign in with

facebook   twitter   SMATOOS

Smatoos SNS

Facebook에서 찾아보세요

SMATOOS_Kr
좋아요

1,102명이 SMATOOS_Kr용(를) 좋아합니다.

kr.smatoos.com 메인 화면

03.
페이스북 내의
스마트러닝 관련 그룹들

페이스북 내에 스마트러닝과 관련된 그룹들을 확인할 수 있습니다.

KERIS와 함께하는 스마트 교육 페북 포럼

한국교육학술정보원(KERIS)가 주관하여 운영하고 있는 포럼으로 KERIS가 추진하고 있는 스마트러닝 정책과 방향, 디지털 교과성에 관한 정보들을 얻을 수 있고 회원들간에 의견을 교류하고 제안할 수 있습니다. 현재 2015년까지 추진 중인 디지털 교과서에 관한 샘플과 내용들, 그리고 여러 의견들을 한번에 볼 수 있는 그룹으로 활용하기에 좋습니다.

스마트 미디어 전문가 그룹

이 그룹은 스마트 미디어에 대한 이해와 정책 개발, 관련 기술들에 대한 R&D를 위해서 관심 있는 사람들이 함께 공부하고 토론하는 그룹입니다. 관련 기술들로는 우선 '스마트러닝', '전자출판', '차세대 웹', '멀티미디어 압축기술', '클라우드 컴퓨팅' 등 다섯 가지 분야에 초점을 맞추어 관련 자료와 내용들이 올라와 있습니다. 많은 전문가들이 포스팅한 최신 정보들과 의견들을 확인할 수 있고 좀 더 미디어 기술에 관한 정보를 밀접하게 접할 수 있습니다.

KERIS와 함께하는 스마트 교육 페북 포럼

스마트교육학회

2013년도 새롭게 만들어진 스마트교육학회 그룹입니다. 아직 설립단계에 있어서 설립 추진 중인 정보들이 대부분입니다. 좀 더 시간이 지나면 스마트 교육에 관한 전문적인 자료들과 의견들이 많이 게시될 것으로 기대됩니다.

내 친구, 장소 등 여러가지를 찾아보세요 　　　🔍

글 쓰기

친구

연결
🧑‍🤝‍🧑 친구 찾기
🎫 친구 초대

광고
📱 광고 관리자

페이지
⬜ Konglishpage
📖 Playful Learning(www.pfl.kr)
📮 페이지 피드　　　20+
🐘 페이지 좋아요 클릭...　20+

그룹
🦜 스마트교육학회　　　5
👥 konglish
👥 광교지구촌교회　　　20+
📖 KERIS와 함께하는 스마트...
📚 스마트미디어 전문가 그룹
🍎 e-Learning_KNOU (...　13
🍏 Mac Mania　　　20+
🗂 그룹 만들기...

앱
🎮 앱 센터　　　20+
🧑‍🤝‍🧑 친구 찾기
🎮 게임 피드　　　20+

최근 게시물

 정정섭

기술에 대한 소유(특허)냐 공유(표준)냐, .. 기업들은 저마다 각각의 기술에 대해서 어느 쪽이 낳은지 저울질을 할 겁니다. 대부분은 아마 소유를 먼저 생각하겠죠. 기업의 이익 측면에서 자사 기술의 공유가 낳겠다고 먼저 생각하는 케이스가 어떤 경우가 있을런지요? 오픈 테크놀로지란 뭔지..;; 모두 구정 연휴 잘 보내세요~~ ^^ http://www.ddaily.co.kr/news/news_view.php?uid=100904

[기획/오픈 이노베이션①] 새로운 '공유'의 가치... 글로벌 IT 생태계가 변화한다 *** 디지털데일리
www.ddaily.co.kr

[디지털데일리 심재석기자] 애플의 아이폰이 등장한 이후 전 세계 IT산업은 대격변기를 맞았다. 스마트폰 등 모바일 디바이스는 IT 산업의 중심이 됐고, IT의 소비자가 가속화됐다. 이런 혁신이 가능했던 배..

🔗 좋아요 · 댓글 달기 · 게시물 받아보기 · 공유하기 · 2월 8일 오후 1:34 서울 근처

👍 이수철, 이정헌, 조용상님 외 3명이 좋아합니다.

 조용상 대니얼 버러스의 섬광 예지력에서는 소유나 독점은 과거 결핍의 경제 관점에서 문제를 바라볼 때였고 지금은 풍요의 경제 상황이니 때문에 공유의 관점으로 문제 해결을 해야 한다고 주장합니다. 설득력있는 주장이라 생각하는데요. 비즈니스모델을 혁신을 얘기할 수 밖에 없는 패러다임의 변화입니다.
13시간 전 모바일에서 · 좋아요

 댓글 달기...

스마트미디어전문가그룹

facebook

내 친구, 장소 등 여러가지를 찾아보세요

이주형
프로필 편집

즐겨찾기
- 🖥 뉴스피드
- 💬 메시지   25
- 📅 이벤트   16
- 🖼 사진
- 👥 친구

연결
- 👥 친구 찾기
- 👤 친구 초대

광고
- 📷 광고 관리자

페이지
- 📘 Konglishpage
- 📕 Playful Learning(www.pfl.kr)
- 📰 페이지 피드   20+
- 🏆 페이지 좋아요 클릭...   20+

그룹
- 🖥 스마트교육학회
- 👥 konglish
- 👥 광교지구촌교회   20+
- 📖 KERIS와 함께하는 스마트...
- 📚 스마트미디어 전문가 그룹
- 👥 e-Learning_KNOU (...   13
- 🍎 Mac Mania   20+
- 🗂 그룹 만들기...

앱
- 🎮 앱 센터   20+
- 👥 친구 찾기
- 🧩 게임 피드   20+

더 보기 ▾

채팅 가능한 친구

박경선

스마트교육학회 ⚙   정보   이벤트   사진   파일

📝 게시물 작성   🖼 사진 / 동영상 공유하기   ❓ 질문하기   📎 파일 추가

글 쓰기

상단 게시물

조기성
http://goo.gl/h4brx 스마트교육학회 가입 신청서 구글 양식입니다. 가입을
원하시는 분은 링크를 클릭하시거나 큐알코드를 인식시키시면 됩니다. 개
인정보는 철저히 보호하겠습니다.

👍 좋아요 · 댓글 달기 · 게시물 받아보기 · 👍 42   💬 36 · 2월 6일 오전 9:16

최근 게시물

Jong-Dae Park
스마트교육학회 홈페이지 구축 도와주실 분 찾습니다.
학회홈페이지주소: http://www.smarteducation.or.kr/
설치한 워드프레스 테마 사용법 동영상 : http://para.llel.us/support/videos/
설치한 워드프레스 테마 사용법 튜토리얼: http://para.llel.us/support/
tutorials/
학회 로고 디자인도 필요하고, 내용을 채워 넣는 것도 필요합니다.
필요하신 분에게는 사이트 관리자 권한을 드리겠습니다.

스마트교육학회 –
www.smarteducation.or.kr

Thank you for purchasing Salutation. To
help get you started a few common
questions about the theme and this sample
content are addressed below.

스마트 교육학회 그룹

배움에 있어서 가장 많은 혜택을 받는 사람은 배우는 학생이 아닌 가르치는 교사 자신입니다. 학생들에게 하나라도 더 가르쳐주기 위해서 더 많은 시간을 투자해서 연구하고 준비해야 하기 때문입니다. 필자가 바로 그런 것 같습니다. 스마트러닝에 관한 내용을 잘 알려야겠다는 생각과 결심을 한 이후 저 자신이 가장 많이 배웠습니다. 이 책을 출간하기 위해 수년간 모아두었던 자료를 일일이 검토하는 것은 물론 최신 정보와 자료를 찾기 위해 많은 시간을 들여 웹을 헤매고 다녔고 결국 이 책을 완성하게 되었습니다.

부디 이 책이 스마트러닝의 미래를 보게 하는 길라잡이 역할을 할 수 있기를 기대합니다. 이 책과 함께 스마트러닝에 관한 여러 가지 접근방법과 정의에 대해 고민해보고, 구성 요소들이 이렇게도 많았다는 사실에 감탄해 하며, 국내외 사례들을 통해 말 그대로 눈부신 스마트러닝의 발전 현황을 보며 무릎을 치셨을지도 모르겠습니다. 융합을 다루는 장에서는 스마트러닝이 여러 산업 기술들과 복합적으로 이루어지는 것이라는 사실도 이해할 수 있었을 것입니다.

이러한 지식과 정보를 통해 신기술을 기반으로 짧은 시간 안에 우리에게 포스트 스마트러닝(Post Smart Learning)이 다가올 것입니다.

필자는 앞으로 이루어질 가상의 학습을 상상해봅니다.

미래 1

대학생 U군. 헤드셋이 부착된 멋있는 안경(실제로는 HMD)을 착용하고 걸어 다니면서 페이스북 친구들이 올린 글을 읽고 이에 대한 답변을 합니다. 아침 일찍 정동진에서 일출을 보고 회덮밥으로 아침 식사한 것을 친구들에게 안경에 부착된 카메라로 촬영하고 친구들과 공유합니다. 10시부터는 강의 시작. 다른 학생들이 공유한 화면을 통해 교수님이 수업하는 내용을 듣습니다. 교수님이 내 준 과제물은 같은 그룹 클라우드 서버에서 다운받아 공동 작업을 하여 제출합니다.

미래 2

직장인 G씨는 서울 강남역 길거리에 설치된 터치 스크린을 통해 사무실에서 급히 처리해달라고 한 문서를 클라우드에서 받아 수정한 후 다시 사무실로 전송합니다. 지하철에서는 종이처럼 가벼운 휴대용 터치 패널을 이용해 중국어 공부를 합니다. G씨의 음성을 인식한 로봇은 중국 북경에 있는 다른 직장인에게 연결되고 둘은 서로 업무적인 내용을 주제로 토론을 시작합니다. 굳이 중국어가 유창하지 않아도 됩니다. 알아서 통역해주니까요.

미래 3

취업 준비 중인 A씨는 중장비 정비사 자격증 취득을 위해 공부 중입니다. 집에 있는 대형 스마트 TV와 연결된 보드를 이용해 서서 3차원으로 구성된 AR형 콘텐츠로 실습을 하고 이 실습 결과는 자동으로 클라우드 서버에 저장됩니다. 매주 화요일 오전에는 실습장에 도착하여 그동안 집에서 해왔던 정보를 불러와 실제 자동차를 보며 AR형 콘텐츠를 활용해 부속품 정비 실습을 진행합니다. 오후에는 집에 돌아와 스마트 TV와 부스 의자(Boothed chair)에 앉

아 계속 운전 연습을 합니다. 실습 결과는 운전학원 서버에 전달됩니다.

생활 속에 깊숙이 스며든 스마트러닝, 아주 흥분됩니다. 그렇지 않나요?

스마트러닝은 특별한 장소나 시간에 구애 받지 않는 무제한 학습 방법입니다. 필자가 언급한 위의 세 가지 외에도 우리의 상상 속에 있는 스마트러닝의 위대한 탄생은 앞으로 계속될 것입니다.

마지막으로 가장 중요한 이야기로 끝맺음을 하고자 합니다.

스마트 환경과 학습도구, 네트워크와 기술이 우리에게 있다고 해도 그 중심에 여러분이 없다면 그것은 아무 소용 없습니다. 여러분이 스마트러닝의 중심이며 미래입니다.

스마트러닝의 중심이며 미래인 여러분을 응원하며 평안을 전합니다.

감사합니다.

참고문헌

박춘원, 'e-Learning 3.0 시대, SNS 기반 차세대 e-러닝 플랫폼의 발전 방향 : 삶과 학습의 경계를 허물다', 2010, Slideshare 발표자료

한국교육학술정보원, '2012년 스마트교육 플랫폼 시범 구축', 2012. 11, KERIS 제안요청서

한국교육학술정보원, '스마트교육을 위한 클라우드 컴퓨팅 환경 구축', 2011. 12, KERIS 이슈리포트

한국교육학술정보원, '스마트교육 서비스와 유통의 기반 체제', 2013. 3, KERIS 이슈리포트

한국교육학술정보원, '스마트교육 콘텐츠 품질 관리 및 교수학습 모형 개발 이슈', 2011. 12, KERIS 이슈리포트

한국교육학술정보원, '스마트교육을 위한 클라우드 컴퓨팅 환경 구축', 2011. 12, KERIS 이슈리포트

임정훈, '모바일 기반 스마트 러닝 : 개념 탐색과 대학교육에의 적용 가능성', 2011, 한국교육정보미디어학회

김돈정, '스마트러닝 시대의 교육혁신과 SKtelecom', 2012. 4, 스마트러닝포럼 발표자료

임주환, '스마트TV의 현황과 전망', 2011. 1, 2012 하반기 스마트TV 기술 및 개발자 교육 발표자료

애틀러스 리서치앤컨설팅, '글로벌 스마트TV 현황과 미래 전략', 2012. 9, 발표자료

Nancy Gibbs, 'The Wireless Issue', 2012. 8, 「The Times」

Intel, 'Schools, IT, and Cloud Computing - The Agility for 21st Century eLearning', 2010, Intel Corporation 백서

Fred Nickols, 'community of Practice, Roles & Responsibilities', 2000, 발표자료

Jill Russell, Trisha Greenhalgh, Petra Boynton, Ceri Butler, Deborah Swinglehurst, Geoff Wong, 'The role of communities of practice in building capacity for shared learning for development: the case of an online postgraduate programme in international primary health care', 2008. 8, WikieEducator

Tiejian Luo, 'e-Learning Video Cloud', 2011. 8, Chinese-American Networking Simposium 발표자료

Li-Chieh Lin & Shu-Lin Sun, 'IGCS - Taiwan's Full-Service Educational Platform Is on the Cloud, and Open for App Builders', 2011, Institute for Information Industry, IMS Impact 발표자료

Sharon Boller, 'LEARNING TRENDS, TECHNOLOGIES, AND OPPORTUNITIES', 2012, Bottom-Line Performance 백서

Google, 'The New Multi-screen World: Understanding Cross-platform Consumer Behavior', 2012. 8 Slideshare 발표자료

Saba, 'The Saba People Cloud : Building a Social Enterprise in the Networked Economy', 2011, Saba Software, Inc. 백서

Sergey Y. Yurish, 'Smartphone Sensing : What Sensors Would we Like to Have in the Future Smartphones ?', 2012. 8, Netware 2012 발표자료